煲一碗

节气靓汤
Solar terms

甘智荣 编著

天津出版传媒集团

天津科技翻译出版有限公司

图书在版编目（CIP）数据

煲一碗节气靓汤 / 甘智荣编著 . — 天津 ：天津科技翻译出版有限公司，2020.5
ISBN 978-7-5433-3941-5

Ⅰ．①煲… Ⅱ．①甘… Ⅲ．①保健－汤菜－菜谱 Ⅳ．① TS972.122

中国版本图书馆 CIP 数据核字 (2019) 第 115339 号

煲一碗节气靓汤
BAO YIWAN JIEQI LIANGTANG

甘智荣　编著

出　　　版：天津科技翻译出版有限公司
出 版 人：刘子媛
地　　　址：天津市南开区白堤路 244 号
邮政编码：300192
电　　　话：(022) 87894896
传　　　真：(022) 87895650
网　　　址：www.tsttpc.com
印　　　厂：深圳市雅佳图印刷有限公司
发　　　行：全国新华书店
版本记录：711mm×1016mm　16 开本　12 印张　80 千字
　　　　　2020 年 5 月第 1 版　2020 年 5 月第 1 次印刷
　　　　　定价：45.00 元

（如发现印装问题，可与出版社调换）

每个节气的到来，都预示着气候的变化，同时也昭示着物象的更新交替！

节气是指二十四时节和气候，是中国古代订立的一种用来指导农事的补充历法，是劳动人民长期经验的积累和智慧的结晶。二十四节气所反映的物候特征说明了自然界的一切活动都与节气密切相关，人也不能脱离天地气息而存在，人体的五脏六腑、七窍四肢、筋骨皮肉等组织的功能活动无一不受节气变化的影响。

生命与自然界息息相关，生命体也如大自然一般，随着昼夜交替、节气变化，进行着周期性的变化。二十四节气体现了物候的生长变化过程，象征生命的发展和延续。根据二十四节气的气候变化，顺应天时，调理膳食，调整作息，对人的精气神的恢复与涵养有很大的益处。

古往今来的人们都十分注重节气调养，并把"天人合一"的观念作为不违天时、顺道而行的重要法则。随着节气的变更，人体的正常功能在无形中也会受到影响。因此，要想强身健体，切不可忽视二十四节气的变化。

食物是健康的根源，与其等邪气入体而生病吃药，不如在日常饮食中就注意用食物调理身体，因此食物的选择也需要"顺四时"。

随着生活水平的不断提高，人们在饮食的选择上更加注重吃出健康、吃出营养、吃出品位、吃出花样，提倡平衡膳食、合理营养。汤作为一种最有家庭感的温暖美食，已经成为人们日常餐桌上必不可少的一道营养美食。其实，一碗真正的好汤并不难实现，各位不要被传统煲汤的食材、步骤等吓倒，不要把它想得有多复杂，汤和平日饭桌上的家常菜一样，可以随心搭配、就地取材。只要你付出一点点耐心，花费一点点心思，学习一点点关于汤的知识，就能够煲出一锅美味靓汤。

在民间，有"饭前先喝汤，胜过良药方"的说法。的确，在饭前喝汤，不仅可以带给你饱腹感，起到健康减肥的目的，同时，还能更好地保护肠胃的健康。喝汤，对男女老幼都是非常有好处的。汤品经过熬煮，可以将食材中的很多营养吸收到汤里，这样你就可以不费吹灰之力，将食物中的营养喝到肚子里，让你的身体更健康。

目录

■ 第三章　夏季消暑汤

第四章 秋季润肺汤

▉ 第五章 ▉ 冬季滋补汤

第一章

顺应节气，
明明白白喝对汤

　　二十四节气调养是根据不同节气的特点，通过养精神、调饮食、练形体等达到强身益寿的目的。一碗真正的好汤并不难实现，各位不要被传统煲汤的食材、步骤等吓倒，不要把它想得有多复杂，煲汤就和平日饭桌上的家常菜一样，可以随心搭配、就地取材。

跟着四季吃出健康

春生、夏长、秋收、冬藏，是大自然一年中运动变化的规律。中医认为"天人相应"，人体必须顺应四季变化的规律，保持机体与自然的平衡，才能顺利安康地度过一年四季。

不同季节的气候变化，会对人体产生不同的影响。饮食调养的总则就是"辨证施膳"，因时、因地、因人而异。按照季节分为春、夏、秋、冬，夏秋之间又再分出了长夏这一时节，于是就有了"四季五补"之说。

春季，阳气初生，人的抵抗力弱。民间谚语常说"春捂"，就是说要注意身体的保暖，不要骤然减衣，防止着凉受风，以免发生感冒等春季多发疾病。饮食上要注意少吃酸味的食品，可防止肝气过旺，要适当增加甘（甜）味食品，这样有利于补脾益气，避免肝旺而克伤脾。所吃食物性宜偏凉，要慎用或禁食热性食物，这样可以避免饮食助长内热而发生温热性疾病。

人体在夏季心火旺盛而肾水衰弱，虽然自觉天热，喜冷贪凉，但应有所节制。饮食上要注意慎用或戒食油腻厚味、黏腻的食物，宜食用绿豆、苦瓜等食材，以清心降火。勿食太饱，更不可暴饮冰水饮料，贪食冷冻瓜果。

秋季阳气收敛，气候干燥，内应肺脏，应进行阴阳平衡的滋补，以调节脏腑功能的失调，适宜平补。

冬季天气寒冷，阳气深藏，内应肾脏。根据冬季封藏的特点，以温热之品来滋补人体气血阴阳不足，适宜温补。

节气变化与饮食调养

　　二十四节气是我国农历中代表季节变迁的 24 个特定节令，是根据地球在黄道（即地球绕太阳公转的轨道）上的位置变化而订立的，每一个节气分别对应于地球在黄道上每运动 15°所到达的特定位置。相邻节气之间相隔约半个月，并分别落在十二个月里面。

　　这二十四个节气的名称和顺序是：立春、雨水、惊蛰、春分、清明、谷雨、立夏、小满、芒种、夏至、小暑、大暑、立秋、处暑、白露、秋分、寒露、霜降、立冬、小雪、大雪、冬至、小寒、大寒。

　　生命与自然界息息相关，生命体也如大自然一般，随着昼夜交替、节气变化，进行着周期性的变化。

　　二十四节气体现了物候的生长变化过程，象征生命的发展和延续。根据二十四节气的气候变化，顺应天时，调理膳食，调整作息，对人的精气神的恢复与涵养有很大的益处。

　　在不同的节气当中，生活起居、饮食选择也都必须要因时而异，要根据不同的特点来采取不同的调养措施，为身体各方面做好保养。

四季煲汤：常用的药材和食材

汤饮是中华美食的一大特色，也是中华饮食文化的重要组成部分。无汤不上席、无汤不成宴，已成为一种饮食时尚。不论春夏秋冬，不论男女老少，每日饮食总离不开功效各异的汤水，不管是香浓醇美的老火靓汤，还是鲜美清淡的生滚汤水，都是餐桌上一道亮丽的风景。

不同的食材和药材，煲出来的汤效果也是不同的。

春季宜食甘，对脾有益。宜吃绿色食物，因为绿色食物是人体最有效的排毒剂，特别是蔬菜类食材，都富含纤维素、维生素，能够健脾养胃、疏通肠道，帮助排出消化道内积蓄的毒素。

洋葱

洋葱含有一种名为硫化丙烯的油脂性挥发物质，它是洋葱辛辣味道的来源。这种物质具有帮助人体抗寒、抵御流感病毒、杀菌消炎的作用。

洋葱是目前已知唯一的含前列腺素A的食材。前列腺素A能够扩张血管、降低血液黏度，因此，经常食用洋葱可以防治高脂血症，预防血栓的形成。同时，前列腺素A还能促进钠盐的排出，降低血压，是高血压患者的良好选择。

芹菜

芹菜是一种平肝清热、祛风利湿的好食材，最适合在立春、雨水、惊蛰等时节食用。

芹菜可以安神助眠，消渴润肠，促进食欲。经常食用芹菜能降血压、降血糖、降血脂，并有镇静宁神的作用。芹菜还具有润肠通便、消除自由基、防癌的功能。

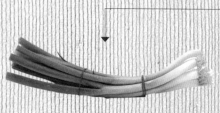

葱

吃葱不但能降低血脂、血糖和血压，还有利于保持头脑清醒。葱丝或葱末具有抗菌防癌的功效。

樱桃

　　樱桃富含花青素，能预防动脉硬化和心血管疾病，对于改善痛风症状也有助益。其含铁量较高，可防治缺铁性贫血，并可有效增强体力，对抗疾病的侵袭。樱桃含有活性物质鞣花酸，有消除致癌物的作用，达到预防癌症的效果。

草莓

　　草莓的营养易于被人体吸收。草莓中含有的胡萝卜素有保护视力的功效；草莓还含有丰富的维生素C，能补血、改善牙龈出血、预防贫血和心血管疾病，而且还能抗氧化、防止动脉硬化。

韭菜

　　韭菜含挥发性硫化物质，可以兴奋神经，进而提神醒脑。它含有丰富的纤维素，能促进肠胃蠕动，有利于粪便形成，不仅可有效预防习惯性便秘和降低肠癌的发生率。而且韭菜中的纤维可以将消化道中的头发、沙子、金属屑包裹起来，随着排泄物排出，因此有"洗肠草"的别名。

胡萝卜

　　胡萝卜含有丰富的β胡萝卜素。β胡萝卜素可以在体内转换成维生素A，增强视力、保护视觉。胡萝卜还含有丰富的纤维素和硒元素，并富含蛋白质、脂肪、糖类、维生素B3和草酸等营养物质，可以修护和巩固细胞膜，维持呼吸道顺畅，保护气管和肺部。β胡萝卜素能够刺激干扰素的活性，提高人体的免疫力，达到抗氧化作用，适量的β胡萝卜素还能降低癌症的发病率、抑制慢性疾病的发作。

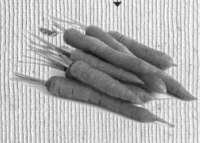

夏季宜养心，养心要吃红色的食物。红色的食物能起到补血、生血、活血的作用，有利于提升心脏功能，进一步促进血液循环、淋巴液生成。此外，颜色偏红的食物有着较强的抗氧化作用，可以保护细胞，减缓机体衰老，还可达到消炎的目的。

莴笋

莴笋所含的干扰素诱生剂，可抗病毒，提高人体的免疫力。此外，由于它还含有甘露醇、莴苣素等成分，因此具有镇静安神、养胃利尿的作用，可经常摄取。性属甘凉的莴笋，食用后利五脏、补筋骨、解热毒，是夏季蔬食佳品。

青椒

青椒的营养成分中含有大量的维生素A、维生素C，能有效增强身体抵抗力。青椒中含有丰富的铁质，有助于内脏发挥生血、养血的功能。

黄瓜

黄瓜性凉，可生吃、熟食、凉拌以及腌制等。黄瓜能清热降暑气，生吃口感爽脆，稍加点儿酱汁味道更好，很适合用作夏日凉拌菜肴。

荞麦

荞麦是防治糖尿病的天然食品，而且荞麦的秧和叶中含有较多的芦丁，经常煮水服用可预防高血压引起的脑出血。此外，荞麦所含的纤维素可使人大便顺畅，并预防各种肿瘤。

空心菜

　　空心菜茎部中空，菜中的叶绿素含量丰富，有"绿色精灵"的美称。空心菜富含膳食纤维和粗纤维，可促进肠胃蠕动，让排便更轻松。

桑葚

　　桑葚中所含的活性成分，具有促进新陈代谢、降低血脂、防止血管硬化、调整机体免疫功能、帮助造血细胞生长等作用，对治疗贫血、高血压、高血脂、冠心病、神经衰弱等有效。

　　秋季阳气渐收，阴气生长，干燥的气候容易伤损肺阴，会出现口干咽燥、便秘、皮肤干燥等症状。此时，要注重养阴防燥。秋季的饮食应以滋润为主，宜多吃酸性食物，以收敛肺气。保持乐观情绪和宁静的心境，排除悲伤情绪的干扰，能在秋季达到养肺的目的。

红薯

　　红薯含有糖类、膳食纤维、蛋白质、钙、铁等营养物质，是低脂肪、低热量的食物，还能有效地阻止糖类变为脂肪，可增进食欲、润泽肌肤。其中丰富的膳食纤维，可以促进胃肠蠕动、预防便秘和结肠直肠癌，有利于减肥健美、通便排毒、改善亚健康。

白萝卜

　　白萝卜中含有的木质素可以提高巨噬细胞的活力，帮助吞噬癌细胞，并且能够分解体内的致癌物质亚硝胺。白萝卜还能诱导人体自身产生干扰素，增强机体免疫力，并能抑制癌细胞的生长，对防癌、抗癌有重要作用。

山药

山药是一种高营养、低热量的食品，富含大量的淀粉、蛋白质、B 族维生素、黏液蛋白和矿物质。其所含的黏液蛋白有降低血糖的作用，是糖尿病患者的食疗佳品。常食山药还有增强人体免疫力、益心安神、宁咳定喘、延缓衰老等保健作用。

口蘑

口蘑属于低热量食品，可以防止发胖，其含有丰富的植物纤维，具有减肥美容、预防便秘、促进排毒、预防糖尿病及大肠癌、降低胆固醇的作用。

秋葵

秋葵含有丰富的维生素 C 和可溶性纤维素，对保持皮肤弹性、促进皮肤美白作用明显，而且对软化血管、促进新陈代谢都具有很好的功效，特别是对于更年期的女性来说，适量食用秋葵具有很好的保健功效，使人显得更为年轻。

冬季气候寒冷，寒气凝滞收引，易导致人体气机、血运不畅。因此，冬季养生要注意防寒，加强肾脏的养护。俗话说，"冬不藏精，春必病温"。冬季是机体能量的蓄积阶段，对于身体虚弱的人来说是进补的好季节。冬天应选用热量较高的御寒食品，从而达到补虚防寒的目的。

紫米

紫米中所含的黄酮类化合物能维持血管正常渗透压，减轻血管脆性，防止血管破裂和止血。紫米还具有改善心肌营养、降低心肌耗氧量、降低血压等功效。此外，紫米还具有清除自由基、改善缺铁性贫血、增强抗应激反应能力以及免疫调节等多种生理功能。

海参

　　海参所含有的特殊活性物质，是构成男性精子细胞的主要成分，对男性具有提高勃起力的作用，对女性有抑制排卵和刺激宫缩的作用，能改善大脑、性腺神经功能传导作用，延缓性腺衰老，可增加性欲要求等，其抗疲劳、抗衰老、补益肾精、壮阳的作用也很明显。

鲫鱼

　　鲫鱼有健脾利湿、和中开胃、活血通络、温中下气之功效，对脾胃虚弱、水肿、溃疡、气管炎、哮喘、糖尿病人群有很好的滋补食疗作用。

板栗

　　板栗含有丰富的维生素C，能够维持牙齿、骨骼、血管肌肉的正常功能，可以预防和治疗骨质疏松、腰腿酸软、筋骨疼痛、乏力等，还可延缓衰老，是中老年人理想的保健食品。

核桃

　　核桃中所含的精氨酸、油酸、抗氧化物质等对保护心血管，预防冠心病、脑卒中等颇有裨益。核桃还能抗衰老，是治疗神经衰弱的辅助剂，能延缓记忆力衰退。核桃仁中所含的维生素E，可使细胞免受自由基的氧化损害，是医学界公认的抗衰老物质，所以核桃有"万岁子""长寿果"之称。

煲一碗好汤的 "六大诀窍"

煲汤香味清幽且汤汁清澈，喝了以后还不会上火。但要真正煲好一盅完美的靓汤，就必须掌握煲汤常用的六个诀窍也是学做煲汤必知的技巧。

煲汤肉类应先用冷水浸泡后氽烫

买回来的肉，切成适当大小放入盆中，置于水槽中用流动的水冲洗，除了可以去除血水外，还有去腥、去杂质、让肉松软的作用，冲净之后应浸泡约 1 小时。之后入沸水中氽烫，更可去除残留的血水和异味，也能消除部分脂肪，避免汤过于油腻。

煲汤药材应冲洗

中药材的制作，多会经过干燥、曝晒与保存，可能会蒙上一些灰尘与杂质。使用前最好用冷水稍微冲洗一下，但千万不可冲洗过久，以免流失药材中的水溶性成分。此外，中药材一次不要买太多，免得用不完，放久后发霉走味。

怎样加水有学问

原则上，煲汤时加水应以盖过所有食材为原则，使用牛、羊肉等食材时，水面一定要超过食材。切记，最好不要中途加水，以免稀释食材原有的鲜味。如果必须要加水，也应加热水。

小火慢炖，但也不宜过久

煲汤虽然需要长时间以慢火熬煮，但并不是时间越长越好，大多数汤品以 1~2 小时为宜，肉类则为 2~3 小时最能熬煮出新鲜风味。若使用叶菜类为主，就更不宜煮太久。

火候大小是关键

通常先用大火，以一定的高温炖煮，尤其是有骨髓的肉类食材，应先用大火将血水、浮沫逼出，以免汤汁混浊。待沸腾后，需要调至接近炉心的小火，慢慢熬煮。记住不要火力忽大忽小，这样易使食材粘锅，破坏汤品的美味。

调味增美味

如果喜欢喝清爽原味，可不加调味料，若想调味的话，建议起锅前加些盐提味。过早放盐会使肉中所含的水分释出，并加快蛋白质的凝固，影响汤的鲜味。若是喜欢较重的口味，亦可加上鸡精或香菇精。如果烧鱼汤，则可以酌量加姜片或米酒去腥。

喝汤有方

喝汤是人们滋补养身的好方式，中国人特别是南方人的饭桌上一定要有一碗汤。但是，你有没有想过，你日常喝的各种各样的汤喝对了吗？怎样喝汤才能保证我们能够完全摄取汤中的营养，且不会对身体有害？正确的喝汤方法你知道吗？

饭前喝汤，润肠开胃

俗话说："饭前喝汤，苗条健康；饭后喝汤，越喝越胖。"因为饭后喝汤的话，由于此时已吃饱了，再喝汤容易导致营养过剩，造成肥胖，并且汤会冲淡胃液，影响食物的消化吸收。而饭前喝汤，能增加饱腹感，减少食物的摄入量，健康且有减重效果。

喝汤勿弃肉渣

老火汤的鲜味，是因为经水煮后肉类中的一些含氮浸出物溶于汤内，但食物中的大部分蛋白质仍呈凝固状态留在肉里，而未溶于水中。煲两个小时以上的汤，溶入汤中的蛋白质含量也仅为肉中的 5% 左右，还有 95% 的营养成分留在"肉渣"中。因此，只喝汤不吃肉，仅是满足了口感而已，大量的营养成分还是在肉渣里，等于"捡了芝麻而丢了西瓜"。其实，经过长时间烧煮的汤，汤渣的口感虽不是最好，但其中的肽类、氨基酸更利于被人体消化吸收。所以，除了只能吃流食的人以外，应提倡将汤与"肉渣"一起吃下去。

汤水泡饭，食不知味

很多人喜欢吃汤泡饭，特别是孩子。用汤泡饭，由于米饭泡软易吞，往往懒得咀嚼就快速吞咽，增加胃的消化负担，长期如此易引发胃病。所以，吃汤泡饭是不利于健康的。

不宜喝过热的汤

有些汤需要一定的温度维持口感，如生滚鱼片汤，一旦放凉，鱼肉就会略带腥味，趁热喝才最鲜美。但研究表明，常吃烫食的人，罹患口腔癌、食管癌等上消化道癌症的风险将会增高。因为口腔、食管等上消化道黏膜十分柔嫩，承受不了过高的温度，汤的温度保持在 60℃以下为最佳，超过则会对口腔和食管黏膜造成损伤。喝汤时，以感觉不烫且喝完后有微微出汗感为宜，有助于加速身体的代谢循环。儿童的口腔黏膜更娇嫩，汤的温度应该更低一些。需要强调的是，即使在夏天也不要喝冷汤，冷汤会刺激脾胃、影响消化。

宜慢速喝汤

喝汤时应该控制的是速度和汤量，尽量放慢速度，每次一碗即可。研究显示，放慢自己的吃饭速度可以有效减少食物摄入量，因为饱腹感总是滞后于实际摄入量。喝汤也是如此，慢点喝有益于营养的均衡摄入。慢速喝汤，不但可充分享受汤的味道，也给了食物消化吸收充裕的时间，并且提前产生饱腹感，不容易发胖。需要减肥的女士要注意了，一定要养成这样的喝汤习惯，说不定你的减肥效果会更佳。

不宜喝过浓的汤

很多人认为"汤越浓，营养越高"，其实并非如此。猪骨、鸡肉、鸭肉等肉类食品经水煮后，能释放出肌肽、嘌呤和氨基酸等物质。很显然，越美味的汤，含氮浸出物越多，包括嘌呤等物质就越多，长期摄入过多的嘌呤可导致高尿酸血症，这是引起痛风病的罪魁祸首。并非人人都能喝这些美味的老火汤，像痛风、糖尿病患者就不宜喝，因为嘌呤等含氮浸出物都要经过肝脏的加工而变成尿酸经肾脏排出体外，因而过多的嘌呤会加重肝和肾的负担。汤的鲜美还与汤中浸出的油脂和糖分有关，这些都不利于糖尿病患者的病情控制。

第二章

春季养肝汤

春暖花开,春意盎然,也难免让人觉得肝火旺;万紫千红,春风拂面,也难免让人觉得犯困嗜睡。燥也罢,困也罢,煲上一碗汤,缓解春燥又养肝,就可以惬意地享受春天。

立春（2月3-4日）——万物复苏，升发阳气

01

枸杞鹌鹑蛋醪糟汤

2 人份

香甜的醪糟配上可口的鹌鹑蛋，
爽口又清甜，
有益肝肾。

材料 枸杞5克，醪糟100克，熟鹌鹑蛋50克

 调料 白糖适量

制作步骤

1 锅中注入适量的清水烧开，倒入备好的醪糟，
  搅拌均匀。

2 盖上锅盖，烧开后再煮20分钟；揭盖，倒入白
  糖，搅拌均匀。

3 倒入熟鹌鹑蛋和洗好的枸杞，搅拌片刻；盖上
  锅盖，稍煮片刻至食材入味。

4 揭开锅盖后，持续搅拌一会儿。关火后将煮好
  的汤水盛出，装入碗中即可。

 TIPS

煮制醪糟的时间不宜过长。煮
制的容器要干净。

02

丝瓜虾皮猪肝汤

2 人份

清脆爽滑的丝瓜，
加入具有海鲜味的虾皮，
明目又养肝。

材料

丝瓜90克，猪肝85克，虾皮
12克，姜丝、葱花各少许

调料

盐3克，鸡精3克，水淀粉2毫
升，食用油适量

制作步骤

1　丝瓜去皮洗净，切片。猪肝洗净切片，加1克盐、1克鸡
　　精、水淀粉、食用油腌渍10分钟。

2　锅中注油烧热，爆香姜丝，放入虾皮，倒入清水，煮沸，
　　倒入丝瓜，调入2克盐、2克鸡精。

3　放入猪肝拌匀，略煮，盛出，撒上葱花即可。

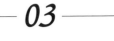

响螺山药枸杞汤

2 人份

甜甜的枸杞组合糯糯的山药，
既清澈，
又浓醇。

 材料

排骨段100克，响螺片8克，
山药7克，枸杞6克，黄芪5
克，党参5克，蜜枣3颗

 调料

盐2克

制作步骤

1 洗净的排骨段备用；将枸杞、响螺片、山药、黄芪、
党参分别装碗，用清水泡发。

2 砂锅中注入水，放入排骨段、响螺片、山药、黄芪。

3 再加入党参、蜜枣，加盖，大火煮开后转小火续煮
100分钟。

4 放入泡好的枸杞，加盖，煮约10分钟至枸杞熟软及有
效成分析出。

5 调入盐，盛出即可。

── 04 ──
红枣山药排骨汤

2人份

甜甜的红枣，
软糯的山药，
饭前饭后，
开胃消食。

材料 山药150克，排骨200克，红枣35克，蒜头30克，
水发枸杞15克，姜片、葱花各少许

 调料 盐2克，鸡精2克，料酒6毫升，食用油适量

制作步骤

1 山药去皮洗净，切滚刀块；锅中注水大火烧
   开，倒入洗净的排骨，汆去血水捞出。

2 用油起锅，爆香姜片、蒜头，倒入排骨，翻炒均
   匀，淋上料酒，注入清水至没过食材，拌匀。

3 倒入山药块、红枣拌匀，盖上盖，大火煮开后
   转小火炖1个小时。

4 掀开锅盖，倒入泡发好的枸杞拌匀，盖上盖，用
   大火再炖10分钟。最后调入盐、鸡精，拌匀，
   将汤盛出装入碗中，撒上备好的葱花即可。

 **TIPS**

切好的山药可先放入盐水中浸
泡片刻，以免氧化。

01
健脾山药汤

2 人份

山药加排骨，
简单又营养，
健脾又健胃。

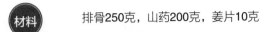

材料　排骨250克，山药200克，姜片10克

调料　盐3克，料酒5毫升

制作步骤

1　锅中注水烧开，放入切好洗净的排骨。

2　加入2毫升料酒拌匀。

3　排骨焯去血水，捞出。

4　砂锅中注水烧开，放入姜片、排骨。

5　淋入3毫升料酒拌匀，加盖，用小火煮30分钟至排骨八九成熟。揭盖，放入洗净切好的山药，拌匀。

6　盖上盖，用大火煮开后转小火续煮30分钟至食材入味；揭盖，加入盐，拌匀。关火后盛出煮好的汤，装碗即可。

皮肤接触生山药分泌的黏液会刺痒，此时用白醋冲洗双手便可缓解。

02

黑木耳山药鸡汤

2 人份

春季宜食甜味，
山药味甘，
补脾健胃，
非常适合春季食用。

 材料

去皮山药100克，水发木耳90克，鸡肉块250克，红枣30克，姜片少许

 调料

盐2克，鸡精2克

制作步骤

1 山药洗净切滚刀块，鸡肉块氽去血水。

2 锅中注水烧开，放入山药、鸡肉、水发木耳、红枣、姜片，加盖炖100分钟。

3 调入盐、鸡精，加盖稍煮片刻后盛出即可。

材料

鲫鱼500克，海带100克，豆腐2块，香葱、姜片
各适量

调料

油、盐、胡椒粉、鸡精各适量

03

海带豆腐鲫鱼汤

2 人份

海带豆腐的完美结合，
加上鲫鱼肉质的细嫩、肉味的甜美，
此汤营养丰富，
味香汤鲜。

制作步骤

1 海带洗净，切片或丝。香葱切段；豆腐切片。

2 鲫鱼去鳞、去鳃、去内脏，洗净。

3 砂锅加水，放几片姜，大火煮开。

4 在煮水的过程中，把鲫鱼放进油锅里煎一下，然后再翻动煎另一面。

5 把煎好的鲫鱼放进煮开水的砂锅里，大火煮开，改小火慢慢炖20~30分钟。

6 炖到汤呈奶白色，把海带放进去，大火煮开，改中火煮10分钟左右。

7 把豆腐放进去，大火煮开后煮2分钟，调入适量盐。

8 把香葱放进去，调入适量鸡精、胡椒粉煮开即可。

04

莴笋筒骨汤

2 人份

猪筒骨性温味甘，生津补脾。
春季食用缓解干燥不适，
有助于补中益气。

材料　去皮莴笋200克，筒骨 500克，黄芪、枸杞、麦冬各30克，姜片少许

 调料　盐1克，鸡精1克

制作步骤

1　去皮莴笋切滚刀块；沸水锅中放入洗净的筒骨，汆去腥味和脏污，捞出。

2　砂锅中注水烧热，放入筒骨。然后放入麦冬、黄芪、姜片，搅匀。

3　加盖，用大火煮开后转小火续煮2小时后，倒入切好的莴笋，搅匀。

4　加盖，续煮20分钟至莴笋熟软，放入洗净的枸杞，搅匀，稍煮片刻。最后调入盐、鸡精，煮至枸杞味道析出后盛出即可。

猪骨选择带有骨髓的更有营养，烹调过程中一定不要添加凉水，不然就很难炖软了。

01

鸡肉西红柿汤

2 人份

酸酸甜甜的西红柿富含维生素 C，

和鸡肉的相遇，

养颜又美容。

材料　鸡肉200克，西红柿70克，姜片10克，葱花5克

 调料　盐3克

制作步骤

1　鸡肉洗净切片，西红柿洗净切块。备好电饭锅，放
　　入鸡肉、西红柿、姜片、盐，注入适量清水拌匀。

2　盖上盖，按下"功能"键，调至"煮汤"状态。
　　时间定为30分钟，煮至食材熟透。

3　待30分钟后按下"取消"键，倒入备好的葱花。

4　将食材拌匀后盛出即可。

西红柿忌与石榴同食。

02
燕窝玉米白果猪肚汤

2 人份

猪肚健脾胃、补虚损，
是春季补脾胃之佳选。

 材料

猪肚230克，玉米块160克，
白果60克，燕窝、姜片各少许

调料

盐2克，鸡精2克，胡椒粉2
克，料酒少许

制作步骤

1 猪肚洗净切块。

2 锅中注水烧开，倒入猪肚，淋入料酒，用中火煮去异味，
  捞出。

3 砂锅中注水烧开，倒入猪肚、玉米块、白果、姜片，淋入
  料酒。

4 盖上盖，大火烧开后再转用小火煮约2小时。

5 放入洗好的燕窝，再盖上盖，用小火煮约10分钟。

6 调入盐、鸡精、胡椒粉，拌匀入味，盛出即可。

03

玉米胡萝卜鸡肉汤

2 人份

家常的味道一直是我们忘不掉的味道，让家瞬间变得温暖的，是汤，是爱。

 材料

鸡肉块350克，玉米块170克，胡萝卜120克，姜片少许

 调料

盐、鸡精各3克，料酒适量

制作步骤

1 洗净食材，胡萝卜切小块备用。

2 锅中注水烧开，倒入洗净的鸡肉块和料酒，大火汆去血水，捞出沥干。

3 砂锅中注水烧开，倒入汆过水的鸡肉，放入胡萝卜块、玉米块和姜片，淋入料酒。

4 加盖烧开后转小火，煮1小时至食材熟透。

5 揭盖，放入适量盐、鸡精，拌匀调味后即可出锅。

04

腐竹栗子猪肚汤

2 人份

腐竹、板栗味道香，
咸甜适度，
尤其汤汁更是整道菜的精华。

材料 猪肚300克，瘦肉200克，水发腐竹 150克，板栗仁100克，红枣10克

 调料 盐2克

制作步骤

1 瘦肉切块，猪肚切粗丝，腐竹切段。锅中注水烧开，倒入瘦肉。再加入猪肚，汆煮后捞出。

2 砂锅注入清水，倒入猪肚、瘦肉、板栗仁、红枣，拌匀。

3 加盖，大火煮开转小火，煮3小时至食材析出有效成分。揭盖，放入腐竹，加盖续煮10分钟至腐竹熟。

4 最后加入适量盐调味，盛出即可。

腐竹煮汤前应放入水中泡发，更易入味。

05

猴头菇花胶汤

2 人份

此汤汤鲜味美，
养颜养胃全靠它！

 材料

猴头菇花胶汤汤料包（花胶、猴头菇、红枣、玉竹、山药、枸杞）1/2包，瘦肉200克

 调料

盐2克

制作步骤

1 花胶泡发12小时，猴头菇泡发2小时，红枣、玉竹、山药泡发10分钟，枸杞泡发10分钟，然后捞出沥干备用。

2 开水锅中倒入洗净的瘦肉块，汆去血水和脏污，捞出沥干，备用。

3 砂锅注入1000毫升清水，倒入汆好的瘦肉块。

4 放入泡好的红枣、玉竹、山药、猴头菇和花胶，搅拌均匀。

5 加盖，用大火煮开后转小火续煮大约1个半小时，至食材有效成分析出。

6 加枸杞，续煮10分钟至枸杞熟软，再加盐调味即可。

 材料

鱼尾250克，胡萝卜块120克，猪骨40克，玉米
块50克，哈密瓜块50克，高汤适量，姜片少许

调料

盐2克，食用油适量

06

哈密瓜鱼尾猪骨汤

2人份

鱼尾和猪骨均富含胶原蛋白，
配以香甜的哈密瓜，
带给你不一样的体验。

制作步骤

1 炒锅注油烧热，爆香姜片，放入鱼尾煎香，倒入高汤煮沸，取出鱼尾，装入纱
　布袋扎好。

2 砂锅中注入高汤，放入氽过水的猪骨、鱼尾、玉米、胡萝卜块、哈密瓜块拌
　匀，加盖，大火煮开。

3 转中火煮约3小时，调入盐，盛出即可。

01

西红柿洋芹汤

2 人份

爽脆的洋芹搭配酸酸甜甜的西红柿，
让春天不再疲惫。

材料	芹菜45克，瘦肉95克，西红柿65克，洋葱75克，姜片少许
调料	盐2克

制作步骤

1 洋葱、西红柿均洗净切块，芹菜洗净切段，瘦肉洗净切大块。

2 锅中注水烧开，放入瘦肉块，余烫片刻，捞出。

3 砂锅中注水烧开，倒入瘦肉块、洋葱块、西红柿、姜片拌匀。

4 加盖，大火煮开后转小火，煮1小时至熟。

5 放入芹菜段拌匀，加盖，续煮10分钟至芹菜熟。

6 调入盐，搅拌片刻至入味，盛出即可。

盐要在最后加入汤中，这样可以提味，使汤汁鲜美。也可以加入少许白糖来提鲜。

02

金针菇蔬菜汤

2人份

春分时节，
以金针菇为首的蔬菜大军充实你的胃，
让你不再过敏，
身体健壮。

金针菇30克，香菇10克，上
海青20克，胡萝卜50克，清
鸡汤300毫升

盐2克，鸡精3克，胡椒粉适量

制作步骤

1 上海青洗净切小瓣。胡萝卜去皮洗净，切片。金针菇洗净
  去根部。

2 砂锅中注水，倒入鸡汤，盖上盖，大火煮开。

3 倒入金针菇、香菇、胡萝卜拌匀，盖上盖，续煮10分钟
  至熟。

4 放入上海青。

5 调入盐、鸡精、胡椒粉，拌匀。

6 关火后盛出，装入碗中即可。

红枣枸杞杂蔬汤

2 人份

蔬菜营养丰富，
加入香甜的红枣，
口感更佳，
更具层次。

 材料

红枣30克，枸杞10克，玉米块70克，胡萝卜块30克，藕块30克，冬瓜块30克，丝瓜块40克，西芹段45克，香菇块20克

 调料

盐2克，鸡精2克，食用油适量

制作步骤

1 锅中注水，放入玉米块、胡萝卜块、藕块、香菇块、枸杞、红枣，加盖煮至七成熟后，加入冬瓜块、丝瓜块、西芹段煮至食材熟透。

2 将盐、鸡精调入锅中，略煮，淋入食用油，盛出即可。

04

灵芝猪肝汤

2 人份

灵芝补气安神、止咳平喘，
搭配猪肝，
适合春季养肺食用。

材料 猪肝230克，灵芝、姜片各少许

 调料 盐2克，鸡精1克，料酒5毫升

制作步骤

1 猪肝洗净切薄片。

2 锅中注水烧开，倒入猪肝，汆去血水，捞出。

3 砂锅中注水烧开，放入备好的灵芝、姜片、猪肝拌匀。

4 淋入料酒，拌匀，盖上盖，烧开后用小火煮至食材熟透。调入盐、鸡精，拌匀盛出，待稍凉后即可食用。

油菜和猪肝不能同食，否则油菜中富含的维生素 C 会被猪肝中的铜、铁离子氧化而失去功效。

01

山药鸡肉汤

2 人份

山药能滋养强壮，
助消化。
此汤清淡味美，
惹人喜爱。

| 材料 | 鸡块165克，山药100克，川芎、当归、枸杞各少许 |

| 调料 | 盐2克，鸡精2克 |

制作步骤

1 山药去皮洗净，切滚刀块。

2 锅中注水烧开，放入洗净的鸡块，汆去血水，捞出。

3 砂锅中注水烧开，放入鸡块、洗净的川芎和当归。

4 倒入山药块，撒入枸杞。

5 加盖，烧开后转小火煲煮约45分钟；再调入盐、鸡精搅匀。

6 续煮片刻，盛出即可。

煮鸡汤时，先将鸡块用沸水焯
去血水，这样鸡汤更鲜美。

02
灵芝茶树菇木耳鸡汤

2 人份

灵芝补气安神、止咳平喘，
对于肺虚咳喘等肺部不适有缓解作用，
适合春季养肺食用。

 材料

鸡肉块350克，茶树菇90克，水发黑木耳100克，灵芝、姜片各少许，黑豆45克，蜜枣、桂圆肉各适量

 调料

盐3克

制作步骤

1 锅中注水烧开，倒入洗净的鸡肉块，汆去血水，捞出。

2 砂锅注水烧开，倒入鸡肉块、灵芝，拌匀。

3 加入洗净的黑木耳、茶树菇拌匀。

4 放入洗净的黑豆、蜜枣、桂圆肉、姜片拌匀。

5 盖上盖，烧开后转小火，煮至食材熟透。

6 调入盐，改大火略煮至汤汁入味后，盛出即可。

 材料

猪肝100克，豆腐150克，葱花适量，姜片少许

调料

盐2克，生粉3克

03

猪肝豆腐汤

2 人份

肝脏是动物体内储存养料和解毒的重
要器官，含有丰富的营养物质，
是理想的补血佳品之一，
具有补肝明目、养血、营养保健等作用。

制作步骤

1 锅中注入适量清水烧开，倒入洗净切块的豆腐，拌煮至断生。

2 放入洗净切好，并用生粉腌渍过的猪肝。

3 撒入姜片、葱花，煮开。

4 加盐，拌匀调味。

5 用小火煮约5分钟，至汤汁收浓。

6 关火后盛出，装入碗中即可。

04
枸杞猪心汤

2人份

猪心清心除燥，
配上枸杞，
有助于清明时节清火静心。

材料　　猪心150克，枸杞10克，姜片少许，高汤适量

 调料　　盐2克

制作步骤

1 锅中注水烧开，放入洗净切好的猪心，汆去血水，捞出，过冷水。

2 砂锅中注入高汤烧开，加盐。

3 放入姜片、猪心拌匀。

4 盖上盖，用大火煮滚。

5 放入洗好的枸杞搅匀，加盖，用小火煮约2小时。

6 揭开锅盖，搅拌片刻，关火盛出即可。

猪心汆水时，要将汤中浮沫撇去，这样煮出的汤才不会有腥味。

01
猪血韭菜豆腐汤

2 人份

韭菜可以促进肠道蠕动，
又能减少对胆固醇的吸收，
配上滑嫩的豆腐，养肝又补血。

材料 韭菜85克，豆腐140克，黄豆芽70克，高汤300毫升，猪血150克

调料 盐2克，鸡精2克，白胡椒粉2克，芝麻油5毫升

制作步骤

1 将洗净的猪血切块。

2 将处理好的猪血倒入汤锅中。

3 洗好的韭菜、黄豆芽均切段倒入汤锅中。

4 汤锅置于火上，倒入高汤，大火烧开。倒入切好的豆腐块，拌匀。

5 加盖，大火再次煮沸，煮约3分钟至熟。

6 加入盐、鸡精、白胡椒粉、芝麻油，略搅拌至入味即可盛出。

猪血可以事先汆一下，这样口味更佳。

02

核桃花生双豆汤

2 人份

用核桃、花生给常年超负荷的
肠胃来个温柔的 SPA,
还有比这更宜人的事吗?

排骨块155克,核桃仁70克,水发赤小豆45克,
花生米55克,水发眉豆70克

盐2克

制作步骤

1 锅中注入清水烧开,放入洗净的排骨块,汆煮片刻。

2 关火后捞出汆煮好的排骨块,沥干水分,装入盘中。

3 砂锅中注入适量清水烧开,倒入排骨块、眉豆、核桃仁、花生米、赤小豆,拌匀。

4 加盖,大火煮开后转小火煮3小时至熟。

5 揭盖,加入盐,稍稍搅拌至入味。

6 关火后盛出,装入碗中即可。

 材料

猪血270克，山药70克，葱花少许

调料

盐2克，胡椒粉少许

03

猪血山药汤

2 人份

猪血具有补血养心、
息风镇惊、下气止血之功效，
和山药搭配，
最具养颜美容功效。

制作步骤

1 山药去皮洗净，切厚片。猪血洗净切小块。

2 锅中注水烧热，倒入猪血，氽去污渍，捞出。

3 另起锅，注水烧开，倒入猪血、山药，搅拌均匀。

4 盖上盖，烧开后用中小火煮至食材熟透。

5 揭开盖，加入盐，拌匀入味，关火后待用。

6 取一个汤碗，撒入少许胡椒粉，盛入锅中的汤料，点缀上葱花即可。

04

平菇山药汤

2 人份

平菇性温、味甘,
具有祛风散寒、舒筋活络的功效,
与山药搭配具有降低血压的功效。

材料 平菇100克，香菇100克，山药块90克，高汤适量，葱花少许

调料 盐2克，鸡精2克

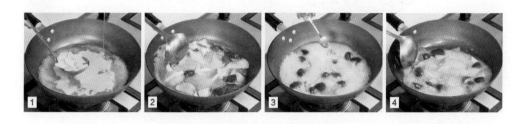

制作步骤

1 锅中注入高汤烧开，放入备好的山药块。

2 倒入洗净切块的平菇和香菇，拌匀。

3 用大火烧开，转中火煮约6分钟至锅中食材
   熟透。

4 调入盐、鸡精，拌煮片刻至入味。关火后盛出
   煮好的汤料，装入碗中，撒上葱花即可。

清洗鲜菇类食材时，可用流动
水冲洗，这样可以洗得更干净。

05

山楂麦芽消食汤

2 人份

在食欲不振的时候来一碗,
酸酸甜甜的,
真是美味可口啊!

 材料

瘦肉150克,麦芽15克,蜜枣10克,陈皮1片,
川楂15克,山药5克,姜片少许

调料

盐2克

制作步骤

1 洗净的瘦肉切块,倒入沸水中,汆煮片刻,捞出沥干。

2 砂锅中注入适量清水,倒入瘦肉、姜片、陈皮、蜜枣、麦芽、山药、山楂。

3 加盖,大火煮开后转小火煮3小时至有效成分析出。

4 揭盖,加入盐,稍稍搅拌片刻至入味,关火盛出即可。

材料

南瓜150克，水发薏米100克，金华火腿15克，
金华火腿末、葱花各少许

调料

盐2克

06

薏米南瓜汤

2人份

清甜的南瓜熬成汤，
点缀一粒粒的小薏米，
味道清雅，
营养也很丰富。

制作步骤

1　洗净食材，南瓜去皮切片，火腿切片。

2　取蒸碗，摆放好南瓜片、火腿片。

3　砂锅注水，倒入薏米，加盖，大火煮开后转小火煮2小时，盛入碗中备用。

4　蒸碗内撒入盐，倒入薏米汤，待用。

5　蒸锅注水烧开，放入蒸碗，大火蒸25分钟。取出蒸碗，撒上火腿末、葱花即可。

第三章

夏季消暑汤

夏蝉声声，夏雨濛濛，夏阳媚烈。夏天，一个热烈的季节，送来了精神饱满，也送来了暑邪。此时，煲上一锅汤不但可以补充机体所需的水分和盐分，也可养阳度夏，怎一个"好"字了得！

01

南瓜西红柿土豆汤

2 人份

鲜明的红黄色相称，
汤鲜而开胃，
清淡又爽口，
是一款夏令家常靓汤。

| 材料 | 南瓜200克，去皮土豆150克，西红柿100克，玉米100克，瘦肉 200克，沙参30克，山楂15克，姜片少许 |

| 调料 | 盐2克 |

制作步骤

1 洗净食材，土豆切滚刀块，西红柿去蒂切小瓣，南瓜、瘦肉切块，玉米切段。

2 锅中注水烧开，倒入瘦肉，氽煮片刻，捞出沥干。另起锅注水，倒入瘦肉、土豆、南瓜、玉米、西红柿、山楂、沙参和姜片拌匀。

3 加盖，大火煮开后转小火煮3小时。

4 揭盖，加入少许盐进行调味。

5 加盖续煮10分钟。

6 尝味后即可出锅。

南瓜和土豆会让汤变得浓稠，可煮久一些，但不要煮得太烂。

02

冬瓜虾仁汤

2 人份

冬瓜绵软，
与汤色融为一体，
搭配明艳可口的虾仁，
成为一道口感绝佳的膳食。

材料

去皮冬瓜 200克，虾仁200克，姜片4克

调料

盐2克，料酒4毫升，食用油适量

制作步骤

1 洗净的冬瓜切片。

2 电饭锅通电后倒入切好的冬瓜。

3 倒入洗净的虾仁。

4 放入姜片，倒入料酒，淋入食用油。

5 加入适量清水至没过食材，搅拌均匀。

6 盖上盖子，按下"功能"键，调至"煮汤"状态，煮30分钟至食材熟软。

7 按下"取消"键，打开盖子，加入盐，搅匀调味。

8 断电后将煮好的汤装碗即可。

 材料

猪心270克，水发莲子50克，水发芡实60克，蜜
枣、枸杞、姜片各少许

调料

盐2克，鸡精2克，料酒适量

03

芡实莲子煲猪心

2人份

莲子具有补脾止泻、
止带、益肾涩精、
养心安神之功效。

制作步骤

1 猪心洗净切开，去除油脂，切块后放入热水锅中，加料酒汆去血水，捞出。

2 砂锅中注水烧热，放入洗净的莲子、芡实，加入姜片、蜜枣，加盖煮10分钟。将猪
  心倒入锅中，加盖续煮至食材熟透后倒入枸杞，加盐、鸡精拌匀后盛出即可。

04

淡菜海带排骨汤

2 人份

海味浓郁的滋补靓汤不但可以保健养生，
还能促进新陈代谢。

材料 排骨段260克，水发海带丝150克，淡菜40克，姜
片少许，葱段少许

 调料 盐2克，鸡精2克，料酒7毫升，胡椒粉少许

制作步骤

1 锅中注水烧开，放入洗净的排骨段，加入料
   酒，大火汆去血水，捞出沥干。

2 砂锅注水烧热，倒入汆过水的排骨段、姜片、
   葱段、淡菜、海带丝和料酒，加盖烧开，转小
   火煮约50分钟。

3 加入少许盐、鸡精，撒上适量胡椒粉，拌匀，
   略煮片刻至汤汁入味。

4 关火后盛出煮好的汤料，装碗即成。

 **TIPS**

想要淡菜排骨汤的味道更好，
建议用砂锅来煮，因为淡菜需
要煮较长时间才软熟。

小满（5月20-22日）——谷物饱满，清利湿热

01
陈皮红豆鸡腿煲

2人份

陈皮理气健脾，
祛湿化痰。
红豆可清热解毒和利尿。

材料	水发红豆100克，红枣10克，鸡腿块200克，陈皮2克
调料	盐2克，鸡精3克，料酒适量

制作步骤

1 锅中注水烧开，放入洗净的鸡腿块。

2 氽去血水，略煮捞出。

3 砂锅中注入适量清水，倒入备好的红豆、红枣、鸡腿块。

4 淋入料酒，放入洗净的陈皮，拌匀。

5 盖上盖，大火煮开，转小火煮1小时至食材熟透。

6 揭盖，放入盐、鸡精，拌匀。关火后盛出即可。

家庭储存红豆的方法有以下几种：①容器储存法：红豆用有盖的容器装好，放于阴凉、干燥、通风处保存。②辣椒储存法：将红豆放入塑料袋中，再放入一些剪碎的干辣椒，密封起来。

02

猴头菇冬瓜薏米鸡汤

2 人份

猴头菇肉嫩、味香、鲜美可口，
具有提高免疫力、抗肿瘤、抗衰老、
降血脂等多种功效和作用。

 材料

冬瓜300克，鸡肉块200克，
猴头菇30克，芡实15克，薏
米15克，干贝少许，高汤适量

调料

料酒8毫升，盐2克

制作步骤

1 锅中注水烧开，倒入鸡肉块，搅散，煮2~3分钟，汆去血
  水，捞出过一遍冷水。

2 锅中倒入高汤烧开。

3 倒入猴头菇、干贝、芡实、薏米，加入冬瓜、鸡块，拌
  匀，淋入料酒，搅拌片刻。

4 盖上盖，烧开后转中火煲煮3小时至食材熟透。

5 揭盖，调入盐，搅拌至食材入味。

6 将汤盛出装碗即可。

03

葛根赤小豆鲤鱼汤

2 人份

赤小豆入汤，除了可增进食欲外，
还可大量补充钾离子，
避免夏季因出汗太多而导致的低钾
症。赤小豆搭配鲤鱼食用，
消肿效果更佳。

 材料

去皮胡萝卜90克，去皮葛根
75克， 水发赤小豆85克，瘦
肉90克，水发白扁豆75克，
水发眉豆55克，鲤鱼块100克

调料

盐2克，食用油适量

制作步骤

1 胡萝卜洗净切滚刀块。瘦肉洗净切块。葛根去皮
   洗净，切厚片。

2 锅中注水烧开，倒入瘦肉块，汆片刻，捞出。

3 热锅注油，放入鲤鱼块，煎至两面微黄，盛出
   备用。

4 砂锅注水烧开，倒入瘦肉块、鲤鱼块、胡萝卜
   块、葛根、眉豆、白扁豆、赤小豆，拌匀。

5 加盖，大火煮开后转小火煮至熟。

6 调入盐，搅拌至入味，盛出即可。

04
冬瓜陈皮海带汤

2 人份

冬瓜有消炎、利尿、消肿的功效，
配上海带祛湿补水。

材料 冬瓜100克，海带50克， 猪瘦肉100克，陈皮5克， 姜片少许

 调料 盐2克，鸡精2克，料酒适量

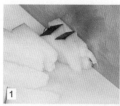   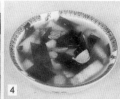

制作步骤

1 冬瓜洗净，切小块。海带洗净切小块。瘦肉洗净切丁。

2 砂锅中注水烧开，放入陈皮、姜片，放入瘦肉，倒入海带、料酒，搅匀，加盖，烧开后用小火炖至食材熟软。

3 将冬瓜倒入锅中搅匀，加盖，用小火炖至全部食材熟透。

4 将盐、鸡精放入锅中，搅匀调味后盛出即可。

陈皮不宜与半夏、南星同用，也不宜与温热香燥药物同用。

01

白菜冬瓜汤

2 人份

一道最为简单的白菜冬瓜汤，
让你重温记忆中纯粹的味道。

材料　大白菜180克，冬瓜200克，枸杞8克，姜片少许，
葱花少许

 调料　盐2克，鸡精2克，食用油适量

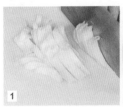

制作步骤

1 将洗净去皮的冬瓜切成片，大白菜切成小块。

2 用油起锅，放入少许姜片，爆香。

3 倒入冬瓜片和切好的大白菜，炒匀。再倒入适
   量清水，放入洗净的枸杞，加盖烧开后用小火
   煮5分钟，至食材熟透。

4 加盐、鸡精调味，出锅后撒上葱花即可。

也可加入虾米，将虾米、冬瓜
和白菜一起炒匀再加水即可。

02

鸡肉炖冬瓜

2 人份

冬瓜煮汤喝，可达到消肿利尿、
清热解暑的作用。

鸡肉100克，冬瓜250克，姜片3克， 葱段3克

盐2克

制作步骤

1 洗净去皮的冬瓜对切开，切成片。处理好的鸡肉切片，切条，再切成小段。备好的
   姜片切成丝，再切成末。择洗好的葱段切成末，待用。

2 锅中注入适量的清水大火烧开，倒入鸡肉，搅拌匀，煮至沸。

3 撇去浮沫，倒入姜末、冬瓜，搅拌片刻。

4 盖上锅盖，用小火炖10分钟至熟。

5 掀开锅盖，放入葱末、盐，搅拌调味，关火后将汤盛出即可。

 材料

水发扁豆30克，水发薏米50克，排骨200克

调料

料酒8毫升，盐2克

03

扁豆薏米排骨汤

2 人份

扁豆有利于暑湿邪气的祛除，
有健脾止泻之效，
还有显著的消退肿瘤的作用。

制作步骤

1 锅中注水大火烧开，倒入排骨，淋入料酒，汆去血水，捞出。

2 砂锅中注入适量的清水大火烧热，放入排骨、薏米、扁豆拌匀。

3 盖上锅盖，烧开后转小火，煮1个小时至食材熟软。

4 将盐调入锅中，搅拌至食材入味。

5 关火，将汤盛出即可。

04

绿豆冬瓜海带汤

2人份

绿豆清热之功在皮，
解毒之功在肉。
绿豆汤是家庭常备夏季清暑饮料，
解暑开胃，
老少皆宜。

材料 冬瓜350克，水发海带150克，水发绿豆180克，姜片少许

 调料 盐2克

制作步骤

1 冬瓜洗净切块，泡发好的海带切块，绿豆用热水浸泡。砂锅注水烧开，倒入冬瓜块、海带块和绿豆。

2 倒入姜片，拌匀，加盖，大火煮开后转小火，续煮至食材熟软。

3 揭盖，加入盐，拌匀调味。

4 关火后盛出装碗即可。

此汤本身就很鲜美，不用再加鸡精。

05

鸡毛菜蛋花汤

2 人份

鸡毛菜是小白菜幼苗的俗称，
有清热的作用。
搭配鸡蛋，营养丰富。

材料

鸡毛菜200克，鸡蛋1个，姜
片少许，葱末少许

调料

盐2克，鸡精2克，胡椒粉2
克，食用油适量

制作步骤

1 用油起锅，倒入姜片和葱末，爆香。

2 注入600毫升清水。

3 把鸡蛋打成蛋液。

4 将蛋液倒入煮沸的锅中。

5 放入洗净的鸡毛菜。

6 将食材搅匀，煮约1分钟。

7 加入盐、鸡精、胡椒粉，搅匀调味。

8 关火后盛出装碗即可。

06

太子参山药鱼汤

2 人份

太子参可补气益肾，
是非常适合正在发育和长身体的青
少年吃的参类。
此汤是健身补血的佳品。

 材料

太子参山药鱼汤汤料包（太子
参、山药、枸杞、红枣、白
术、茯苓）1/2包，鱼头200克

 调料

盐2克

制作步骤

1 将汤包中的食材分开装入碗中，清洗干净。将白
 术、茯苓装入隔渣袋，浸泡。

2 汤料包中的药材用清水泡发15分钟。将鱼头清洗
 干净，两面煎黄后备用。

3 锅中注水，放入除枸杞外的其他药材，大火煮开
 后转小火煮100分钟至有效成分析出。

4 放入煎好的鱼头，撒入枸杞，继续炖20分钟。放
 入盐调味，盛入碗中即可。

夏至（6月21-22日）——昏沉欲睡，清心解暑

01

茅根瘦肉汤

2 人份

茅根在广东凉茶铺中广为人知，
甘甜可口。
其实茅根不但可以药用，
还可煲汤哦！

材料 猪瘦肉 200克，茅根8克，姜片少许，葱花少许

 调料 盐2克，料酒3毫升

制作步骤

1 洗净食材，猪瘦肉切大块。锅中注水烧开，将猪
  肉块放入，再加料酒汆煮1分钟，捞出沥干待用。

2 砂锅中注水烧开，倒入洗净的茅根和汆过水的猪
  肉，撒上姜片。

3 加盖，烧开后用小火续煮1小时，至食材熟透。

4 揭盖，加入少许盐，拌匀调味。关火后盛出装
  碗，撒上葱花即成。

分次喝汤吃肉，可经常食用。

02
苦瓜鱼片汤

2 人份

苦瓜有清暑解热、明目清心的功效；
还可促进糖原分解，改善脂肪堆积，
提高人体免疫力，
增进食欲，促进消化。

 材料

苦瓜100克，鲈鱼肉110克，胡萝卜40克，鸡腿
菇70克，姜片、葱花各少许

 调料

盐3克，鸡精2克，胡椒粉少许，水淀粉、食用油
各适量

制作步骤

1　将鸡腿菇切片。去皮洗净的胡萝卜切片。苦瓜去籽，切成片。鲈鱼肉切片，待用。

2　洗净的鱼肉切成片，放入1克盐、1克鸡精，放入少许胡椒粉、水淀粉、食用油，腌
　　渍10分钟。

3　用油起锅，爆香姜片，倒入苦瓜片、胡萝卜片、鸡腿菇，炒匀。

4　加入适量清水，煮3分钟至熟，放入2克盐、1克鸡精，倒入鱼片，煮1分钟盛出，
　　撒上葱花即可。

材料

冬瓜300克,川贝3克,瘦肉300克, 鱼腥草80克,水发薏米20克

调料

盐2克,鸡精2克,料酒10毫升

03

鱼腥草冬瓜瘦肉汤

2 人份

鱼腥草属于医食同源的一种中药,
特别是在夏天,
清肺热、化痰湿的效果很好,
其中所含的挥发油
还有增强机体免疫力的功效。

制作步骤

1 冬瓜去皮洗净,切大块。鱼腥草洗好切段。瘦肉洗净切大块。

2 沸水锅中倒入瘦肉块、5毫升料酒, 汆去血水,捞出。

3 砂锅中注水,倒入备好的川贝、薏米、瘦肉块,放入切好的鱼腥草、冬瓜块,加入
   5毫升料酒。

4 盖上盖,大火煮开后转小火,续煮 1小时至食材熟透。

5 揭盖,加入盐、鸡精,拌匀调味。

6 关火后盛出装碗即可。

04

白扁豆瘦肉汤

2 人份

白扁豆味甘，性微温，
有健脾化湿、利尿消肿、
清肝明目等功效。

材料　白扁豆80克，瘦肉块100克，姜片少许

 调料　盐5克

制作步骤

1　锅中注入适量的清水，大火烧开，倒入瘦肉
　　块，汆去血水捞出。

2　砂锅中注入适量的清水用大火烧热，倒入备好
　　的白扁豆、瘦肉，放入姜片。

3　盖上锅盖，大火烧开后转小火，煮1个小时至食
　　材熟透。

4　掀开锅盖，加入少许盐，拌匀调味。关火后盛
　　出装碗即可。

烹饪白扁豆时，切记要煮熟煮
透，否则容易中毒。

—— 01 ——
木瓜排骨汤

2 人份

木瓜微寒味甘，具有消暑解渴、润肺止咳的功效。本汤品美味鲜甜，润肤养颜。

材料 木瓜200克，排骨500克，蜜枣30克，姜片15克

调料 盐3克，鸡精3克，胡椒粉少许，料酒4毫升

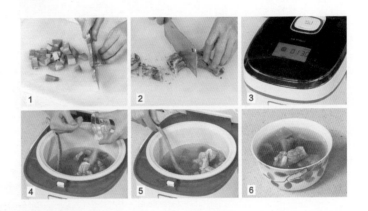

制作步骤

1 洗净的木瓜去皮，去籽，把果肉切长条，改切成丁。

2 洗净的排骨斩成块。

3 电饭锅中倒入600毫升清水，放入排骨，盖上盖，用大火烧开。开盖，捞去锅中浮沫。放入准备好的蜜枣、姜片。加入料酒、木瓜。盖上盖，大火烧开，用小火炖1小时至散发香味。

4 揭盖，加入适量鸡精、盐、胡椒粉。

5 用锅勺拌匀调味。

6 关电源，将煮好的汤舀入碗中即成。

如果生吃，熟木瓜味道更好，
炖肉则用青木瓜更好些。

02

西芹丝瓜胡萝卜汤

2 人份

芹菜富含纤维素，
常食不仅有利于减肥，
还可以增强食欲和促进血液循环。

材料

丝瓜75克，西芹50克，胡萝卜65克，瘦肉45克，冬瓜120克，香菇55克，姜片少许

调料

盐2克，鸡精2克，胡椒粉少许，芝麻油、料酒各适量

制作步骤

1 冬瓜、丝瓜切块，胡萝卜切小块，西芹切段，瘦肉洗净切丁，香菇洗净切小块。

2 锅中注水烧开，倒入瘦肉丁、料酒，汆去血渍捞出。

3 锅中注水烧开，倒入所有原料，用大火煮至食材断生，转中火煮至食材熟透。

4 调入盐、鸡精、胡椒粉、芝麻油，略煮，盛出即可。

茯苓鸽子煲

2 人份

夏季昼长夜短，
体质虚弱的人容易出现食欲不振、
积食不消的现象，
可喝此汤进行调养。

乳鸽肉200克，茯苓50克，
姜片少许，高汤适量

盐2克

制作步骤

1 锅中注水烧开，放入洗净的乳鸽肉，汆去血水，
捞出。

2 另起锅，注入适量高汤烧开，加入乳鸽肉、茯
苓、姜片，拌匀。

3 盖上锅盖，调至中火，煮开后调至小火，炖3小
时至食材熟透。

4 揭开锅盖，加入盐。

5 搅拌均匀，至食材入味。

6 将煮好的汤料盛出即可。

04

夏枯草黑豆汤

2 人份

黑有黑的营养，
看着黑乎乎的汤，
极具美容养颜、补肾益气之功效！

材料　水发黑豆300克，夏枯草40克

 调料　冰糖30克

制作步骤

1　砂锅中注入清水烧开，倒入备好的黑豆、夏枯
　　草，搅拌片刻。

2　盖上锅盖，煮开后转小火，煮1个小时至食材析
　　出有效成分。

3　掀开锅盖，倒入冰糖。盖上锅盖，续煮30分钟
　　使其入味。掀开锅盖，持续搅拌片刻。

4　将煮好的汤盛出装碗即可。

脾胃气虚者慎服夏枯草。小儿
不宜多食黑豆。黑豆与五参、
龙胆相克，忌与蓖麻子、厚朴
同食。

01

苦瓜菊花汤

2 人份

苦瓜味苦，生则性寒，熟则性温。
生食清暑泻火，解热除烦；
熟食养血滋肝，润脾补肾，
能除邪热、解劳乏、
清心明目、益气壮阳。

 材料 苦瓜500克，菊花2克

 调料 盐2克

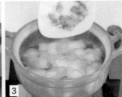

制作步骤

1 将洗净的苦瓜对半切开，刮去瓤籽，斜刀切块。

2 砂锅中注入适量的清水，大火烧开。

3 倒入苦瓜，搅拌片刻，倒入菊花，再搅拌片刻。

4 煮开后略煮一会儿至食材熟透，关火，盛出装碗
  即可。

苦瓜的瓜瓤一定要刮干净，否
则味道会太苦。

02

荷叶扁豆绿豆汤

2 人份

绿豆解暑，
配上荷叶，
齿间留香。

材料

瘦肉100克，荷叶15克，水发绿豆90克，水发扁
豆90克，陈皮30克

调料

盐2克

制作步骤

1 洗净的瘦肉切大块。

2 锅中注入适量清水烧开，放入瘦肉块，汆煮片刻。

3 关火后捞出瘦肉，沥干水分待用。

4 砂锅中注入适量清水烧开，倒入瘦肉块、荷叶、陈皮、扁豆、绿豆，拌匀。

5 加盖，大火煮开后转小火煮1小时至熟。

6 揭盖，加入盐，搅拌片刻至入味。

7 关火后盛出装碗即可。

 材料

苦瓜200克，排骨300克，水发黄豆120克，姜片5克

调料

盐2克，鸡精2克，料酒20毫升

03

苦瓜黄豆排骨汤

2 人份

本汤品气味苦甘、清润，
有清暑除热、明目解毒的功效，
是夏日解暑的汤饮。

制作步骤

1 苦瓜洗净对半切开，去籽切段。

2 锅中注水烧开，倒入洗净的排骨和料酒，汆去血水，捞出沥干。

3 砂锅注水，放入洗净的黄豆，加盖煮沸。

4 倒入排骨、姜片、料酒，搅匀。

5 加盖，小火煮40分钟至排骨酥软。

6 放入苦瓜，加盖用小火煮15分钟。

7 最后加入盐、鸡精拌匀，煮1分钟至入味即可。

04

薏米冬瓜汤

2 人份

本汤品在炎炎夏日可起到清热解暑、
健脾利尿的作用。

材料　　冬瓜230克，薏米60克，枸杞、姜片、葱段各少许

 调料　　盐2克，鸡精2克

制作步骤

1　洗好的冬瓜去瓤，切小块。

2　砂锅中注入适量清水烧热，倒入备好的冬瓜；
　　放入薏米，撒上姜片、葱段。

3　盖上盖，烧开后用小火煮约30分钟，至食材
　　熟透。

4　将盐、鸡精调入锅中，拌匀，撒上枸杞，关火
　　后盛出装碗即可。

冬瓜尽量切小块，煲的时候，
让它尽可能地溶于汤汁中，
喝起来略带一点沙沙的口感
比较好。

05

牛奶鲫鱼汤

2 人份

鲫鱼味甘、性平，
入脾、胃、大肠经，
具有健脾、开胃、益气、利水、通乳、
除湿之功效。

材料

净鲫鱼400克，豆腐200克，牛奶90毫升，姜丝
少许，葱花少许

调料

盐2克，鸡精、食用油适量

制作步骤

1 洗净的豆腐切开，再切成小方块。

2 用油起锅，放入处理干净的鲫鱼，用小火煎一会儿，至散出香味。

3 翻转鱼身，再煎片刻，至两面断生。

4 锅中注入适量清水，用大火烧开。

5 撒上姜丝，放入煎过的鲫鱼，加少许鸡精、盐，搅匀调味，掠去浮沫，盖上盖，烧开后
改小火煮40分钟。

6 揭盖，放入豆腐块，拌匀，再倒入牛奶，搅拌均匀。

7 用小火煮约2分钟，至豆腐入味。关火后盛出，装入汤碗中，撒上葱花即可。

材料

鸭块400克，金钱草10克，姜片少许

调料

盐2克，鸡精2克

06

金钱草鸭汤

2 人份

金钱草有清热利尿、
祛风止痛、
止血生肌、
消炎解毒之功。

制作步骤

1 锅中注入适量清水，大火烧开。

2 倒入备好的鸭块，搅匀，氽去血沫。

3 将鸭块捞出，沥干水分，待用。

4 砂锅中注入适量清水，大火烧热。

5 倒入鸭块、姜片、金钱草，搅拌均匀。

6 加盖，烧开后转小火，炖1个小时至熟透。

7 掀开锅盖，加入盐、鸡精，搅匀调味。

8 关火，盛出装碗即可。

第四章

秋季润肺汤

　　秋高气爽，秋色宜人，秋果累累，但秋天也是一个"多事之秋"。秋燥、秋烦、秋怠，让滋阴、润燥、养肺成了这个季节的主题曲。汤汤水水，烹制起来很是简单，但其功用不可小觑，美容又养生，让人舒爽享秋风。

立秋（8月6~9日）——微微秋意，养肺为先

—— *01* ——
银耳白果无花果瘦肉汤

2 人份

无花果用于食欲不振、脘腹胀痛、
痔疮便秘、消化不良、
痔疮、脱肛、腹泻、乳汁不足、
咽喉肿痛、热痢、
咳嗽多痰等症。

材料 猪瘦肉200克，水发银耳80克，无花果4颗，白果10克，杏仁10克，水发 去心莲子10克，山药10克，水发香菇4朵，薏米20克，枸杞5克，姜片少许

调料 盐2克

制作步骤

1 洗净的瘦肉切大块。锅中注水烧开，倒入瘦肉块，氽片刻。

2 捞出，沥干水分，装碗。

3 砂锅中注水，倒入瘦肉、银耳、白果、无花果。放入香菇、薏米、杏仁、姜片、山药、莲子、枸杞，拌匀。

4 加盖，大火煮开后转小火，煮3小时至食材析出有效成分。调入盐，拌至入味后，盛出即可。

清洗猪肉时不要用热水浸泡或者冲洗，宜用凉水快速冲洗干净。煮的时候煮熟、煮透即可。

02

雪梨猪肺汤

2 人份

食补的效果胜于药效。
咳嗽时煲一道这样的汤，
除了亨受美味，
身体也恢复健康了，两全其美。

 材料

猪肺200克，雪梨80克，姜片20克

 调料

盐、鸡精、料酒各适量

制作步骤

1　洗净食材，雪梨切块，处理好的猪肺切块。

2　锅中加水，倒入猪肺，加盖煮约5分钟至熟，捞出。

3　煲仔锅中加水烧开，倒入猪肺、姜片和料酒。

4　加盖烧开后，用小火煲40分钟。

5　加入雪梨，加盖，用小火煲10分钟。

6　加盐、鸡精调味，即可出锅。

 材料

腐竹段40克，白果10克，百合10克，水发黄豆
15克，胡萝卜丝、姜片少许

调料

盐、鸡精各适量

03

白果腐竹汤

2 人份

白果含有白果酸、白果酚，
有抑菌、杀菌的作用。
秋季干燥，易发咳嗽，
可作为去燥、
止咳的良药之选。

制作步骤

1 砂锅中注入适量清水烧开，放入清洗好的白果、黄豆。

2 倒入洗净的腐竹、百合。

3 撒入胡萝卜丝、姜片，拌匀。

4 盖上锅盖，煮沸后转中火，煮约2小时至食材熟透。

5 揭盖，加入盐、鸡精，用勺子搅拌片刻。

6 盛出装碗即可。

04

西洋参海底椰响螺汤

2 人份

西洋参，益肺阴，
清虚火，生津止渴。
治肺虚久咳，失血，
咽干口渴，虚热烦倦。

材料 西洋参5克、海底椰10克、杏仁6克、无花果5克、
红枣5克、响螺片5克，排骨块200克

 调料 盐2克

制作步骤

1 将海底椰装入隔渣袋里，系好袋口，放入碗
  中，再放入红枣、西洋参、响螺片、杏仁，加
  清水泡发。

2 将无花果装入碗中，倒入清水泡发。

3 锅中注水烧开，放入排骨块，氽片刻，捞出。

4 砂锅中注水，倒入排骨块、红枣、西洋参、响
  螺片、海底椰、杏仁拌匀。加盖，大火煮开转
  小火，煮至有效成分析出后，放入无花果拌
  匀，加盖，续煮至无花果熟。揭盖，加入盐，
  稍稍搅拌至入味。关火后盛出装碗即可。

依个人口味可适当多加入一些
盐，但切忌过多，否则盐会掩
盖汤的鲜香。

処暑（8月22-24日）——酷热终止，润燥止咳

01
百合枇杷炖银耳

2 人份

枇杷有润肺、
止咳、止渴的功效。

材料	水发银耳70克,鲜百合35克,枇杷30克

调料	冰糖10克

制作步骤

1 洗净的银耳去掉根部,切成小块。

2 洗好的枇杷切开,去核,再切成小块,备用。

3 锅中注入适量清水烧开,倒入备好的枇杷、银耳、百合。

4 加盖,烧开后改小火煮约15分钟。

5 揭盖,加入冰糖,拌匀,煮至溶化。

6 关火后盛出装碗即可。

TIPS

银耳宜用温水泡发,泡发后应
去掉根部。

02

山药百合排骨汤

2 人份

山药作为中药最重要的补益材料之一，
无任何副作用。

 材料

山药百合排骨汤汤包（玉竹、山药、枸杞、龙牙
百合、薏米）1包，排骨块100克

 调料

盐2克

制作步骤

1 将汤包材料泡发10分钟，捞出沥干。

2 锅中注水烧开，放入排骨块余片刻，捞出沥干，待用。

3 砂锅注水烧开，加排骨块、玉竹、山药、龙牙百合、薏米，拌匀。

4 加盖，煮开转小火煮100分钟。

5 揭盖，放入枸杞，拌匀。加盖，续煮20分钟，加盐煮至入味即可。

材料

排骨300克，莲藕150克，菱角30克，胡萝卜80克，姜片少许

调料

盐2克，鸡精3克，胡椒粉、料酒各适量

03

莲藕菱角排骨汤

2 人份

说起这道汤，
煨出来的汤粉甜、糯软，
鲜香可口，值得一品。

制作步骤

1 洗净全部食材。菱角去壳对半切开，胡萝卜、莲藕去皮切滚刀块。

2 锅中注水烧开，倒入排骨、料酒，汆去血水，捞出。

3 砂锅注水烧开，放入汆过水的排骨、料酒，加盖用大火煮15分钟。

4 倒入莲藕、胡萝卜和菱角，加盖用小火煮5分钟。

5 放入姜片，再加盖用小火续煮25分钟至食材熟透。

6 加入盐、鸡精和胡椒粉调味后即可出锅。

04
石斛百合汤

2人份

石斛性味甘淡微咸，
归胃、肾、肺经。
具有益胃生津、滋阴清热的功效。

材料

石斛10克，龙牙百合、莲子、麦冬、酸枣仁各5克，小香菇5朵，排骨200克

 调料

盐2克

制作步骤

1 将酸枣仁、麦冬、石斛装入隔渣袋，再放入碗中，用清水泡发。香菇、莲子、龙牙百合分别装入碗中，用清水泡发。

2 沸水锅中倒入排骨，氽去血水，捞出。

3 砂锅注水，倒入排骨、莲子、香菇和装有酸枣仁、麦冬、石斛的隔渣袋搅匀。

4 加盖，用大火煮开后转小火续煮至食材熟透后加入泡好的龙牙百合，搅匀。加盖，续煮约20分钟至百合熟软。揭盖，加入盐，搅匀调味。关火后盛出装碗即可。

氽排骨的时候可以放入适量姜片，去腥效果更佳。

白露（9月7-8日）——露珠凝结，缓解秋燥

— 01 —
绿豆杏仁百合甜汤

2 人份

杏仁能促进皮肤微循环，
使皮肤红润光泽，
具有美容的功效。

材料　水发绿豆140克，鲜百合45克，杏仁少许

 调料　冰糖适量

制作步骤

1 砂锅中注水烧开，倒入洗好的绿豆。

2 倒入杏仁，搅拌均匀，盖上盖，烧开后用小火
　 煮约30分钟。

3 揭开盖，倒入洗净的百合，拌匀，加盖，改小
　 火煮至食材熟透，加入冰糖调味。

4 揭开盖，搅拌均匀,关火后盛出装碗即可。

TIPS

冰糖不宜加入过多，以免太过
甜腻。

02

沙参清热润肺汤

2人份

沙参无毒，
甘而微苦，
具有滋补、祛热、清肺止咳的功效。

材料

沙参10克，麦冬5克，玉竹5克，白扁豆10克，龙牙百合5克，瘦肉200克

调料

盐2克

制作步骤

1 沙参、麦冬、玉竹、白扁豆、龙牙百合分别洗净，用清水泡发。

2 锅中注水烧开，放入洗净的瘦肉块，氽去血水后捞出沥干。

3 砂锅中注水，倒入瘦肉块和泡好的沙参、麦冬、玉竹及白扁豆，煮约100分钟。

4 倒入泡好的百合，续煮约20分钟。放入盐调味，略煮盛出即可。

03

霸王花煲猪骨汤

2 人份

本汤品汤色怡人，
有清热润肺、润燥利肠之功效，
特别适合身体内热、
烟酒过量者食用。

 材料

霸王花煲猪骨汤汤料包（霸王
花、玉竹、北沙参、麦冬、小
香菇）1/2包，排骨 200克

调料

盐2克

制作步骤

1 将小香菇、霸王花装碗，倒入清水泡发30分钟。

2 玉竹、北沙参、麦冬装碗，倒入清水泡发10分钟。

3 沸水锅中倒入洗净的排骨，汆煮去除血水和脏污。

4 捞出汆好的排骨，沥干水分待用。

5 砂锅注入1000毫升清水，倒入汆好的排骨。

6 倒入泡好的小香菇、霸王花，加入泡好的玉竹、北
   沙参、麦冬，搅拌均匀。

7 加盖，用大火煮开后转小火，续煮120分钟至食材
   有效成分析出。

8 揭盖，加入盐，搅匀调味，关火后盛出装碗即可。

04

雪梨猪肉汤

2 人份

秋季天气干燥，
多吃梨可缓解秋燥，
止咳润肺、有益健康，
家常可多喝。

材料　雪梨300克，猪肉 200克，无花果50克

 调料　盐少许，鸡精少许

制作步骤

1 洗净食材，雪梨去皮去核切小块，瘦肉切小块。
　砂煲中注水烧开，放入瘦肉块和无花果，拌匀。

2 加盖，煮沸后用小火煲煮约15分钟至无花果
　裂开。

3 取下盖子，放入雪梨块，转大火，拌匀，再盖
　上盖。煮沸后转小火续煮约20分钟至全部食材
　熟透。

4 加入盐、鸡精调味即可装碗。

TIPS

一定要在汤即将上桌前再加盐
调味。

05

山药老鸭汤

2 人份

糯糯的山药加入老鸭煲汤，
秋季为你的身体缓缓燥气。

 材料

益智仁5克，山药5克，核桃仁10克，红枣3颗，
小香菇5朵，老鸭肉块200克

 调料

盐适量

制作步骤

1 香菇用清水泡发。益智仁装入隔渣袋，扎紧袋口，用清水泡发。红枣、核桃仁、山
　药分别装入碗中用清水泡发。鸭肉汆去杂质，备用。

2 砂锅中注水，倒入鸭肉块、红枣、核桃仁、山药、泡发好的香菇、隔渣袋，盖上
　盖，大火煮开后转小火煮2个小时。加入盐调味，盛出即可。

红腰豆莲藕排骨汤

2 人份

莲藕自始至终是炖最好吃，
粉绵粉绵的，
还管饱，
里面的排骨都成了配角啦！

材料

莲藕330克，排骨480克，红腰豆100克，姜片
少许

调料

盐3克

制作步骤

1　洗净去皮的莲藕切成块状，待用。

2　锅中注入适量清水，用大火烧开。

3　倒入排骨，搅匀，氽煮片刻。将排骨捞出，沥干水分，待用。

4　砂锅中注入适量清水烧热。

5　倒入排骨、莲藕、红腰豆、姜片，搅拌均匀。

6　盖上锅盖，煮开后转小火煮2小时至熟透。

7　掀开锅盖，加入少许盐，搅匀调味。盛出装碗即可。

秋分（9月22-24日）——初入深秋，平衡阴阳

01
石斛玉竹山药瘦肉汤

2 人份

玉竹具有养阴润燥、
生津止渴之功效。
常用于肺胃阴伤，
燥热咳嗽，
咽干口渴。

材料　猪瘦肉200克，山药30克，石斛20克，玉竹10克，
姜片、葱花各少许

 调料　盐、鸡精各少许

制作步骤

1 洗净的猪瘦肉切条形，再切成丁。锅中注入适
　量清水烧开，倒入瘦肉丁，搅拌均匀，用大火
　煮一会儿，汆去血水。捞出沥干水分，待用。

2 砂锅中注入适量清水烧热，放入洗净的山药、
　石斛、玉竹，倒入汆过水的瘦肉丁，撒上姜
　片，拌匀。

3 盖上盖，煮沸后用小火煲煮约30分钟，至食材
　熟透。揭盖，调入鸡精、盐，用中火煮至汤汁
　入味。

4 关火后盛出装碗，撒上葱花即可。

石斛拍碎或用搅拌机加水搅
碎，煲汤更容易出味。

02

石斛麦冬煲鸭汤

2 人份

麦冬有养阴生津、润肺清心的作用，
秋季食用些麦冬，
可缓解肺燥干咳、
津伤口渴这些不适。

材料

鸭肉块400克，石斛10克，麦冬
15克，姜片、葱花各少许

调料

料酒10毫升，盐2克，鸡精2克，
胡椒粉少许

制作步骤

1 鸭肉块汆去血水，备用。

2 砂锅中注水烧开，放入姜片、石斛、麦冬。

3 加入鸭肉块、料酒，加盖，炖至食材熟透。

4 调入鸡精、盐、胡椒粉，拌匀盛出，撒上葱花即可。

玉米煲老鸭汤

2 人份

老鸭汤是一道安徽沿江的特色传统
名菜，
汤汁澄清香醇，口感鲜美，
鸭脂黄亮，肉酥烂鲜醇，
美食养生，传统滋补。

 材料

玉米段100克，鸭肉块300克，
红枣、枸杞、姜片各少许，高
汤适量

 调料

鸡精2克，盐2克

制作步骤

1 锅中注水烧开，放入鸭肉，煮2分钟，氽去血水，
  捞出后过冷水。

2 另起锅，注入高汤烧开，加入鸭肉、玉米段、红
  枣、姜片，拌匀。

3 盖上锅盖，炖3小时至食材熟透。

4 揭开锅盖，放入枸杞，拌匀。

5 加入鸡精、盐，拌匀调味。

6 搅拌片刻，续煮5分钟。

7 将煮好的汤盛出即可。

04

玉竹杏仁猪骨汤

2 人份

猪骨具有止渴、解毒、
止痢之功效。
常用于消渴，肺结核，
下痢，疮癣。

材料 玉竹10克，北沙参5克，杏仁5克，白芍5克，猪骨块200克

调料 盐2克

制作步骤

1 将白芍装入隔渣袋，再放入碗中，用清水泡发。玉竹、北沙参、杏仁分别用清水泡发。

2 锅中注水烧开，放入猪骨块，汆片刻，捞出。

3 砂锅中注水，倒入猪骨块、玉竹、北沙参、杏仁、白芍拌匀。

4 加盖，大火煮开转小火煮至有效成分析出后，调入盐，拌至入味。关火后盛出即可。

玉竹能清火，上火时喝最好。加入红枣和桂圆，不至于过凉伤胃。

01
麦冬黑枣土鸡汤

2 人份

黑枣补中益气，养胃健脾，
养血壮神，润心肺，
调营卫，生津液，悦颜色，
通九窍，助十二经，
解药毒，调和百药。

材料 鸡腿700克，麦冬5克，黑枣10克，枸杞适量

 调料 盐1克，料酒10毫升，米酒5毫升

制作步骤

1 锅中注水烧开，倒入洗净切好的鸡腿，加入5毫升料酒，拌匀，余片刻去除血水和脏污。捞出沥水，装盘待用。

2 砂锅注水烧热，倒入麦冬、黑枣和氽好的鸡腿。

3 加入5毫升料酒，拌匀。

4 加盖，用大火煮开后转小火续煮1小时至食材熟透。

5 揭盖，加入枸杞，放入盐、米酒，拌匀。

6 续煮10分钟至食材入味。关火后盛出装碗即可。

可根据个人的喜好，添加少许
白糖调味，汤的味道会更鲜。

02

西洋参石斛麦冬乌鸡汤

2 人份

此汤秋季饮用，
滋阴补阳，
增强免疫力。

材料

西洋参5克，石斛5克，麦冬4克，枸杞5克、香菇10克，白扁豆10克，乌鸡块200克

调料

盐2克

制作步骤

1 将白扁豆、香菇、枸杞、 麦冬、石斛、西洋参分别装入碗中，用清水泡发。

2 砂锅中注水烧开，放入乌鸡块，汆片刻，捞出。

3 砂锅中注水，放入汆好的乌鸡块、西洋参、石斛、麦冬、香菇、白扁豆，拌匀。

4 加盖，大火煮开转小火煮100分钟至析出有效成分。

5 揭盖，倒入枸杞，拌匀，加盖，续煮20分钟至枸杞熟。

6 将盐调入锅中，盛出即可。

石斛银耳红枣煲猪肝

2 人份

肝脏是动物体内储存养料和解毒的
重要器官，含有丰富的营养物质，
是最理想的补血佳品之一，
具有补肝明目、营养保健等作用。

材料

银耳25克，石斛10克，猪肝
300克，姜2片，红枣5颗，雪
梨适量

调料

盐适量

制作步骤

1 红枣去核洗净。银耳泡发后洗净。雪梨洗净去
  蒂、去核，切块。石斛洗净，用刀拍扁。猪肝汆
  水备用。

2 锅中注水，放入所有材料，煮开后转小火煲2小
  时。加入盐调味，略煮，盛出即可。

04

西洋参姬松茸乌鸡汤

2 人份

姬松茸是一种含糖和蛋白质非常丰富
的食用菌，
能抑制肿瘤细胞的生长，
具有提高人体免疫力和增强精力的功效。

材料 西洋参、太子参各5克， 莲子7克，姬松茸20克，
红枣10克，茯苓5克，丹参3克，乌鸡块200克

 调料 盐2克

制作步骤

1 丹参、茯苓、红枣、太子参、西洋参、莲子、姬
  松茸分别用水泡发。

2 沸水锅中倒入洗净的乌鸡块，汆去血水，捞出。

3 砂锅中注水，倒入汆好的乌鸡块、莲子、 姬松
  茸、红枣、太子参、西洋参、 丹参、茯苓搅匀，
  盖上盖。

4 用大火煮开后转小火续煮至食材有效成分析出，
  调入盐，盛出即可。

煮乌鸡汤时，应先将鸡块用沸
水焯去血水，这样鸡汤才会汤
鲜味美。

01

莲藕核桃栗子汤

2人份

莲藕微甜而脆，
可生食也可入菜，
而且药用价值相当高，
它的根根叶叶，花须果实，
无不为宝，都可滋补入药。

材料　水发红莲子65克，红枣40克，核桃仁65克，陈皮30克，鸡块180克，板栗仁75克，莲藕100克

 调料　盐2克

制作步骤

1 洗净的莲藕切块。锅中注水烧开，放入鸡块，氽片刻，捞出备用。

2 砂锅中注入适量清水烧开，倒入鸡块、藕块、红枣、陈皮、红莲子、板栗仁、核桃仁，拌匀。

3 加盖，大火煮开后转小火煮2小时至熟。

4 揭盖，加入盐。

5 搅拌片刻至入味。

6 关火后盛出装碗即可。

处理好的莲藕应立刻煮制，以免氧化发黑。

02

玉竹花胶煲鸡汤

2人份

作为"海八珍"之一的花胶,
富含胶原蛋白和多种维生素,
是皮肤滋补佳品。

 材料

玉竹花胶煲鸡汤汤料包（花
胶、玉竹、山药、枸杞、莲子、
红枣）1/2包，鸡肉块200克

调料

盐2克

制作步骤

1 花胶泡发12小时，莲子泡发2小时，枸杞泡发10分钟，红
   枣、玉竹、山药一起泡发10分钟。泡发好后沥干，花胶剪
   成段，待用。

2 锅中注水烧开，放入鸡肉块氽煮片刻，捞出沥干待用。

3 砂锅注水，倒入鸡肉块、红枣、玉竹、山药、花胶、莲
   子，搅匀。

4 加盖，大火煮开后转小火煮110分钟至有效成分析出。

5 揭盖，放入枸杞后，加盖续煮10分钟至枸杞熟。

6 加盐调味后即可出锅。

马蹄冬菇鸡爪汤

2人份

马蹄味甘美，
可开胃解毒，
消宿食，
健肠胃。

 材料

马蹄肉100克，水发香菇100克，鸡爪100克，枸杞10克，高汤适量

 调料

盐2克，鸡精、料酒各适量

制作步骤

1 锅中注水烧开，放入洗净的鸡爪、料酒，煮3分钟，捞起后过冷水待用。

2 另起锅，注入高汤烧开，加入处理好的鸡爪、香菇、马蹄拌匀，加盖，大火煮开后转中火炖至食材熟透。

3 将枸杞加入汤中，调入盐、鸡精，盛出即可。

04
西洋参竹荪土鸡汤

2人份

西洋参益气补元、生津止渴，
特点是补而不温，
并具有生津养阴的功能，
故为秋季补益之佳品。

材料 西洋参竹荪土鸡汤汤料包（西洋参、竹荪、生地、红枣、北沙参、玉竹）1/2包，土鸡块200克，水1000毫升

调料 盐2克

制作步骤

1 竹荪用清水浸泡30分钟，西洋参、生地、红枣、北沙参、玉竹用清水浸泡10分钟。

2 锅中注水用大火烧开，倒入洗净的土鸡块，汆去血水杂质，捞出沥干。

3 锅中再注入适量清水，倒入汆好的土鸡块。

4 放入泡发滤净的西洋参、生地、红枣、北沙参、玉竹和竹荪，搅匀。

5 加盖，大火煮开转小火，煲煮2个小时。

6 揭盖，加入盐，搅匀调味即可出锅。

竹荪要多浸泡一会儿，才能去除怪味儿。竹荪不需要煮太长时间。

05

茶树菇莲子炖乳鸽

2 人份

鸽肉含有丰富的软骨素，
可增加皮肤弹性，
改善血液循环。

 材料

乳鸽块200克，水发莲子50克，
水发茶树菇65克

调料

盐1克，鸡精1克

制作步骤

1 将洗净的乳鸽块、泡好的茶树菇和莲子放入养生壶的陶瓷
  内胆。

2 注入适量清水，加盐、鸡精拌匀。

3 将养生壶通电后放入陶瓷内胆，盖上内胆盖。

4 壶内注入适量清水。

5 盖上壶盖，按下"开关"键，选择"炖补"图标，机器开
  始运行，炖煮200分钟至食材熟软入味。

6 断电后揭开壶盖和内胆盖，将炖好的汤品装碗即可。

06

佛手瓜莲藕板栗黑豆汤

2人份

黑豆的补肾功效卓越，
此汤能改善男性精力不济、
易疲劳等症状。

 材料

佛手瓜150克，去皮莲藕190
克，板栗仁100克，水发黑豆
130克，瘦肉150克，姜片少许

调料

盐2克

制作步骤

1 去皮莲藕洗净切块，佛手瓜切块，瘦肉切块。

2 锅中注入适量清水烧开，倒入瘦肉，汆煮片刻。

3 关火，捞出汆煮好的瘦肉，沥干水分，装盘待用。

4 砂锅中注入适量清水，倒入瘦肉、莲藕、佛手
瓜、板栗仁、黑豆、姜片，拌匀。

5 加盖，大火煮开转小火煮3小时至有效成分析出。

6 揭盖，加入盐，稍稍搅拌至入味。

7 关火后盛出装碗即可。

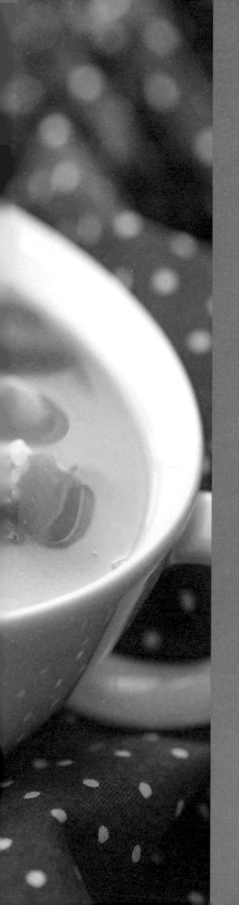

第五章

冬季滋补汤

　　冬季，总让人想到慵懒的太阳和并不温柔的寒冷。这是一个让人不由得想冬眠的季节。这时，若能喝上一碗养生汤，既温暖，又滋补。一碗靓汤，一份冬日里的温暖。

01
黄芪鸡汤

2 人份

此汤味道甘美，益气补血，
不像药膳汤那样难以下咽，
而是充满鸡汤的香浓口感。

材料 鸡肉块550克，陈皮、黄芪、桂皮各适量，姜片少许，葱段少许

 调料 盐2克，料酒7毫升，鸡精适量

制作步骤

1 锅中注入清水烧开，放入鸡肉块，拌匀，汆煮一会儿。淋上料酒，去除血渍和腥味。

2 鸡肉块捞出沥干水分，待用。

3 砂锅中注入清水烧热，放入黄芪，撒上姜片、葱段。

4 倒入桂皮、陈皮，放入鸡肉块、料酒，加盖，烧开后改小火煮55分钟至食材熟透。

5 揭盖，加入盐、鸡精，拌匀调味，略煮，至汤汁入味。

6 关火后盛出装碗即可。

黄芪一天的用量最好不要超过30克。

02

补气黄芪牛肉汤

2人份

黄芪和牛肉都有补气的功效。
对于气虚者来说，
巧妙搭配药材和食材，
更能起到事半功倍的补气效果。
黄芪对于肾炎、水肿症也有一定的
辅助治疗作用。

牛肉120克，白萝卜120克，
黄芪8克，姜片、葱花各少许

盐2克

制作步骤

1 锅中注水烧开，放入洗净切好的牛肉，氽至变色，捞出。

2 砂锅中注入适量清水烧开，放入氽好的牛肉，加入洗净的
黄芪，撒入姜片，拌匀。

3 盖上盖，烧开后转小火煮约90分钟后，放入洗净切好的白
萝卜，搅拌均匀。

4 盖上锅盖，用小火煮约30分钟至食材熟透。

5 揭开锅盖，加盐，拌匀调味。

6 关火后盛出装碗，撒上葱花即可。

桂圆枸杞鸽肉汤

2 人份

桂圆性温味甘，益心脾，
补气血,具有良好的滋养补益作用,
可用于心脾虚损、
气血不足所致的失眠、
健忘、惊悸、眩晕等症。

 材料

益智仁5克，桂圆肉5克，枸杞
7克，陈皮3克，莲子5克，乳
鸽1只

调料

盐适量

制作步骤

1 益智仁装入隔渣袋，扎紧袋口，放入装有清水的
   碗中，浸泡10分钟。

2 陈皮、枸杞、桂圆肉、莲子分别装碗，加清水
   泡发。

3 锅中注入适量清水烧开，倒入鸽肉，汆去血水，
   捞出。

4 砂锅中注水，倒入鸽肉、泡发的莲子、隔渣袋、
   陈皮，拌匀。

5 盖上盖，用大火烧开后转小火继煮100分钟。

6 倒入泡发的枸杞、桂圆肉拌匀。

7 加盖，小火续煮20分钟，调入盐后盛出即可。

04

红枣党参煲凤爪

2 人份

鸡爪的营养价值颇高，
含有丰富的钙质及胶原蛋白，
多吃不但能软化血管，
还具有美容功效。

材料 红枣3颗，鸡爪300克，去皮山药180克，党参20克，枸杞30克，姜片少许

 调料 盐1克，鸡精1克，白胡椒粉3克，料酒5毫升

制作步骤

1 党参洗净切长段，山药洗净切片，待用。沸水锅中倒入洗净的鸡爪、料酒拌匀，汆去腥味，捞出待用。

2 砂锅注水，倒入汆好的鸡爪。

3 倒入姜片、山药、党参、红枣、枸杞，拌匀。

4 加盖，用大火煮开后转小火续煮90分钟至食材有效成分析出。揭盖，加入盐、鸡精、白胡椒粉，拌匀调味。最后盛出装碗即可。

焯好的鸡爪可用凉水再冲洗一遍，彻底去除鸡爪上的脏物。

─ 01 ─
清炖羊肉汤

2 人份

冬日里给家人煲一碗益气补肾、
温中暖下的羊肉汤，
胜过千言万语。

| 材料 | 羊肉块350克，甘蔗段120克，白萝卜150克，姜片20克 |

| 调料 | 盐3克，鸡精2克，胡椒粉2克，料酒20毫升 |

制作步骤

1 洗净去皮的白萝卜切段。

2 锅中注水烧开，倒入洗净的羊肉块和料酒，汆去血水后捞出，沥干待用。

3 砂锅中注水烧开，倒入汆好的羊肉块、备好的甘蔗段、姜片和料酒。

4 加盖，烧开后改小火炖1小时，至食材熟软。

5 揭盖，倒入白萝卜，加盖用小火续煮20分钟。

6 加入少许盐、鸡精、胡椒粉调味后即可出锅。

炖的时候可以加几棵香菜解膻味，出锅前捞出扔弃，也很有效果哦。

02

人参滋补鸡汤

2 人份

人参的肉质根为公认的强壮滋补药，可用于调整血压、恢复心脏功能，适用于神经衰弱及身体虚弱等症，也有祛痰、健胃、利尿、兴奋等功效。

 材料

鸡肉300克，猪瘦肉35克，人参、党参各适量，黄芪、桂圆肉、枸杞、红枣、姜片各适量，高汤适量

 调料

盐少许，鸡精适量

制作步骤

1 鸡肉洗净斩块，与瘦肉一起放入锅中汆煮，断生后捞出沥干。

2 将煮好的鸡块、瘦肉放入炖盅，再加入洗净的药材和姜片。

3 锅中倒入高汤煮沸，加盐、鸡精调味。

4 将高汤舀入炖盅，加上盖。

5 炖锅中加入清水，放入炖盅，加盖炖1小时即可。

 材料

枸杞杜仲排骨汤汤料包（杜仲、黄芪、枸杞、红枣、党参、木耳）1/2包，冬瓜块100克，排骨块200克

调料

盐2克

03

枸杞杜仲排骨汤

2 人份

杜仲补肾益精，降压降脂，安神助眠。
寒冬之际，煲一道好汤，
好好善待我们的肝肾。

制作步骤

1 将杜仲、黄芪装隔渣袋里，装入碗中，再放入红枣、党参，倒清水泡10分钟。

2 将枸杞倒入清水中泡发10分钟，将木耳倒入清水中泡发30分钟。

3 将泡好的隔渣袋、红枣、党参取出，沥干水分，待用。

4 锅中注入清水烧开，放入排骨块，汆煮片刻，捞出沥干水分，待用。

5 砂锅中注入适量清水，倒入排骨块、冬瓜块、杜仲、黄芪、红枣、党参、木耳，拌匀。

6 加盖，大火煮开后转小火煮100分钟至有效成分析出。揭盖，放入枸杞，拌匀。

7 关火后加盐调味，盛出装碗即可。

04
白萝卜羊脊骨汤

2人份

羊脊骨汤能暖中补虚，
促进血液循环，
温暖全身，
改善食欲，增强消化功能，
有效地促进人体的健康。

材料	羊脊骨185克，白萝卜150克，金华火腿50克，香菜、葱段、姜片、八角各少许
调料	盐3克，鸡精2克，胡椒粉2克，食用油适量

制作步骤

1 洗净去皮的白萝卜对切开，切粗条，再斜刀切块。火腿切成片，待用。

2 锅中注水大火烧开，倒入洗净的羊脊骨，氽去血水，捞出。

3 热锅注油烧热，爆香火腿片，倒入姜片、葱段、八角炒香，加入清水、羊脊骨、白萝卜，稍煮片刻。

4 将锅中的食材装入砂锅中，再置于灶上，盖上盖，大火煮沸。揭盖，将汤面的浮沫撇去。

5 盖上锅盖，转小火煮1小时至熟透。

6 揭开锅盖，加入盐、鸡精、胡椒粉，搅拌调味，盛入碗中，撒上香菜即可。

可用洋葱提前腌渍羊脊骨，以去除膻味。

01

奶香牛骨汤

2 人份

牛骨汤具有壮阳强精、
保暖健胃的作用，
是冬季的最佳滋补品。

　牛奶250毫升，牛骨600克，香菜20克，姜片少许

调料　盐2克，鸡精2克，料酒适量

制作步骤

1　洗净的香菜切段，备用。

2　锅中注水烧开，倒入洗净的牛骨，淋入料酒，煮至沸，汆去血水。

3　把牛骨捞出，沥干水分，装盘待用。

4　砂锅中注入适量清水烧开，放入牛骨，撒入姜片。

5　淋入适量料酒，盖上盖，用小火炖2小时至熟。

6　加入盐、鸡精调味。倒入牛奶，拌匀，煮至沸，盛入碗中，放上香菜即可。

牛奶不宜加热太久，以免破坏其营养。

02

人参鹿茸鸡汤

2 人份

鹿茸对营养不良、畏寒怕冷、
乏力疲劳、月经不调、
贫血、虚弱等症有很好的食疗作用。

 材料

鸡块250克，人参片50克，鹿茸10克，枸杞20
克，姜片少许

 调料

盐2克，鸡精2克

制作步骤

1　锅中注水用大火烧开，倒入鸡块，汆去血水后捞出，沥干待用。

2　取出养生壶，通电后将不锈钢内胆安装好。

3　倒入鸡块、鹿茸、人参片、姜片、枸杞。

4　倒入清水至水位线。

5　盖上盖，按下"开关"键。

6　选择"炖补"图标，机器开始运行，炖煮20分钟至食材熟透。

7　机器自动跳到"保温"状态，掀开盖，加入盐、鸡精，拌匀调味，断电后盛出装碗
　　即可。

材料

党参20克，猪瘦肉200克，核桃仁30克，红枣
15克

调料

盐2克，鸡精2克

党参核桃红枣汤

2人份

核桃味甘、性温，入肾、
肺、大肠经。
可补肾、固精强腰、
温肺定喘、润肠通便。

制作步骤

1 洗好的猪瘦肉切片，备用。

2 砂锅中注水烧开，倒入红枣、党参、核桃、瘦肉片拌匀，加盖，用小火煮至熟。

3 调入盐、鸡精，煮至食材入味，盛出即可。

04
党参胡萝卜猪骨汤

2人份

此汤味道鲜美，
同时也具有药用的价值，
可以健脾补肺，
强身健体。

材料 鲜猪骨300克，胡萝卜200克，党参15克，姜片20克

 调料 盐2克，鸡精2克，胡椒粉1克，料酒10毫升

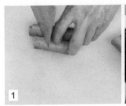   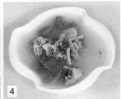

制作步骤

1　洗好的胡萝卜切条，再切成丁。

2　锅中注水烧开，倒入洗净的猪骨，煮至变色，
　　捞出。

3　砂锅注水烧开，放入党参、姜片、猪骨、料酒
　　拌匀。加盖，烧开后用小火煮约30分钟后，倒
　　入切好的胡萝卜，拌匀。

4　盖上盖，续煮至食材熟透。调入盐、鸡精、胡
　　椒粉，盛出即可。

 **TIPS**

注意油菜心和胡萝卜不宜同
食。如果与胡萝卜一起食用，
会使营养价值大大降低，对健
康不利。

05

黄芪党参龙凤汤

2 人份

黄芪补气养血，强筋健骨。
适合于劳损、风眩、心烦、骨折、
骨质疏松等病症患者服用。

黄芪5克，党参3克，陈皮3克，
红枣3颗，枸杞5克，黄豆5克，
牛膝3克，小香菇4朵，鳝鱼肉
100克，土鸡肉100克，大枣、
黄豆各适量

盐适量

制作步骤

1 将鳝鱼肉、土鸡肉之外的原料用清水泡发。

2 锅中注水，倒入氽过水的鸡块、鳝鱼肉，加入泡发的党
  参、陈皮、红枣、黄豆、小香菇、黄芪、牛膝拌匀，加盖
  煮100分钟。倒入枸杞，加盖续煮10分钟后，调入盐，盛
  出即可。

白萝卜炖羊排

2人份

羊肉性温，冬季常吃羊肉，
不仅可以增加人体热量，
抵御寒冷，而且还能增加消化酶，
保护胃黏膜。

 材料

羊排段350克，白萝卜180克，
枸杞12克，姜片、葱段、八角各
少许

 调料

盐3克，鸡精2克，胡椒粉2
克，料酒6毫升，食用油适量

制作步骤

1　将洗净去皮的白萝卜切滚刀块。

2　锅中注水烧开，放入洗净的羊排段，汆去血水后
　　捞出。

3　用油起锅，爆香姜片、葱段、八角，放入羊排
　　段、料酒，炒香。

4　注入适量清水，倒入白萝卜块、枸杞拌匀，加
　　盖，煮至食材熟透。

5　调入盐、鸡精、胡椒粉，煮至汤汁入味。关火盛
　　碗即可。

01

三七黄芪煲鸡汤

2 人份

三七黄芪煲鸡汤属于温补食品，
具有益气补血、
活血化瘀的功效，
比较适合气血两虚的人群。

材料　三七5克，枸杞5克，麦冬5克，丹参5克，黄芪6克，土鸡块200克

 调料　盐适量

制作步骤

1　将三七、黄芪装入隔渣袋，用清水泡发。

2　丹参、麦冬、枸杞分别装入碗中，用清水泡发。

3　锅中注水烧开，倒入鸡肉块，氽片刻，捞出。

4　砂锅中注水，倒入土鸡块、泡发隔渣袋、丹参、麦冬，搅拌均匀。

5　盖上锅盖，用大火烧开后转小火煮100分钟。倒入泡发滤净的枸杞，拌匀。

6　盖上锅盖，用小火续煮20分钟。调入盐，搅匀盛出即可。

氽过水的鸡肉可再过一道凉水，口感会更好。

02

当归红枣猪蹄汤

2 人份

当归和红枣的补血功效超强，
加上滋补的猪蹄，
贫血的人可以适当多喝。

 材料

当归红枣猪蹄汤汤料包（当归、黄芪、党参、红枣、白扁豆、黄豆）1/2包，猪蹄200克，姜片少许

 调料

料酒5毫升，盐2克

制作步骤

1　当归、黄芪装隔渣袋，放入清水中，加党参、红枣，同泡发10分钟。黄豆、白扁豆放清水中，泡发2小时。

2　沸水锅中倒入猪蹄，加入料酒，氽去血水，捞出。

3　砂锅注水，倒入猪蹄，放入隔渣袋、红枣、党参、黄豆、白扁豆、姜片，加盖，小火煮2小时。

4　揭盖，加盐搅匀调味即可。

 材料

桂圆肉35克，红枣20克，山药100克

调料

冰糖20克

桂枣山药汤

2 人份

山药为补中益气的药材，
具有补益脾胃的作用，
非常适合脾胃虚弱者进补前食用。

制作步骤

1　山药洗净切小块。

2　砂锅注水烧开，倒入桂圆肉、红枣，拌匀。

3　盖上盖，用大火煮开后转小火续煮30分钟至熟后，放入山药。

4　盖上盖，续煮20分钟至食材有效成分析出。

5　将冰糖加入锅中，拌至溶化。盛出煮好的汤，装在碗中即可。

04

板栗桂圆炖猪蹄汤

2人份

板栗有健脾胃、益气、
补肾、壮腰、强筋、
止血和消肿强心的功用。

材料 猪蹄块600克，板栗仁70克，桂圆肉20克，核桃仁、葱段、姜片各少许

 调料 盐2克，料酒7毫升

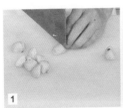

制作步骤

1 洗好的板栗对半切开。

2 锅中注水烧开，倒入洗净的猪蹄、3毫升料酒，汆去血水，捞出。

3 砂锅注水烧热，倒入姜片、葱段、核桃仁、猪蹄、板栗仁、桂圆肉，加入4毫升料酒，搅拌均匀。

4 盖上盖，用大火煮开后转小火炖1小时至食材熟软。揭盖，加入盐，拌匀至食材入味。关火后盛出装碗即可。

 TIPS

猪蹄可以先在烧热的锅中来回擦拭几次，这样能去除猪蹄表面细小的猪毛。

— 01 —
虫草香菇排骨汤

2 人份

虫草汤具有益气养血、
温中散寒的作用，适合阳虚、
血虚体质者食用。

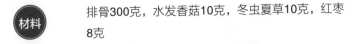
材料 排骨300克，水发香菇10克，冬虫夏草10克，红枣
8克

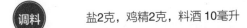
调料 盐2克，鸡精2克，料酒 10毫升

制作步骤

1 锅中注水烧开，放入洗净的排骨、5毫升料酒，
　余去血水，捞出。

2 砂锅置火上，倒入排骨、红枣、冬虫夏草，注
　入清水。

3 淋入5毫升料酒拌匀，煮开后倒入香菇。

4 盖上盖，煮开后转小火煮约2小时至食材熟透。
　最后将盐、鸡精调入锅中，拌匀即可。

冬虫夏草用清水泡洗，泡的时
间不宜过长。

169

02

桂圆核桃鱼头汤

2人份

鱼汤特别适合那些因神经紧张和压力而难以入睡的脑力劳动者食用。睡觉前喝一碗鱼汤，不但能补充钙质，还能明显提高睡眠质量。

材料

鱼头500克，桂圆肉20克，核桃仁20克，姜丝少许

调料

料酒5毫升，盐2克，鸡精2克，食用油适量

制作步骤

1 鱼头处理干净斩成块状，待用。

2 热锅注油烧热，倒入鱼块，煎香后放入姜丝，淋入料酒，翻炒提鲜。

3 注入适量清水，放入备好的桂圆肉、核桃仁。

4 盖上盖，大火煮沸后转小火续煮约2分钟。

5 掀开锅盖，放入盐、鸡精，搅匀，煮至入味。

6 关火后盛出装碗即可。

酸枣仁乌鸡汤

2 人份

乌鸡汤具有养肝、
滋阴、补血养颜、
益精明目的功效。

材料

酸枣仁15克,山药20克,枸
杞5克,天麻10克,玉竹10
克,红枣15克,乌鸡200克

调料

盐2克

制作步骤

1 酸枣仁、红枣、玉竹、天麻、山药、枸杞用清水
  泡发。乌鸡块氽去血水。

2 砂锅注水,倒入乌鸡块、红枣、玉竹、天麻、山
  药、酸枣仁,加盖煮至食材熟透。放入枸杞,续
  煮至枸杞熟软,调入盐,盛出装碗即可。

04

西洋参黄芪养生汤

2人份

黄芪是最常见的补气中药，
能补气升阳、益精固表、利水退肿，
适用于自汗、盗汗、
浮肿、内伤劳倦、脾虚、
泄泻、脱肛及一切气衰血虚之症。

材料 西洋参3克，黄芪5克，茯苓5克，枸杞5克，红枣3颗，小香菇4朵，乌鸡200克

 调料 盐2克

制作步骤

1 将茯苓、黄芪装入隔渣袋中，扎紧袋口。锅中注水烧开，倒入乌鸡块，氽去血水，捞出。

2 砂锅中注水，倒入乌鸡块、泡发好的红枣、隔渣袋、西洋参、小香菇拌匀。

3 盖上锅盖，大火煮开，再用小火煮约90分钟后，放入枸杞拌匀。

4 盖上锅盖，小火续煮20分钟后调入盐，搅匀盛出即可。

腹泻或者是火气大的人，不宜饮用此汤。

01

虫草炖牛鞭汤

2人份

对于气色不好、脸色发黄暗沉、
手脚冰冷的女性来说，
可以通过吃牛鞭补益气血，
缓解以上症状。

材料 牛鞭400克，牛肉清汤200毫升，枸杞5克，姜片、葱花、冬虫夏草各少许

 调料 盐2克，鸡精3克，料酒适量

制作步骤

1 砂锅中注水，放入姜片、牛鞭，淋入料酒，盖上盖，用大火煮30分钟后，将牛鞭捞出。

2 把放凉的牛鞭切成段，放入备好的炖盅中，加入姜片、葱花、枸杞。

3 倒入牛肉清汤，放入冬虫夏草，加入料酒、盐、鸡精，拌匀，盖上盖，备用。

4 蒸锅中注入适量清水烧开，放入炖盅。

5 盖上盖，用大火炖2小时至材料析出有效成分。

6 揭盖，取出炖盅，上桌食用即可。

将牛鞭先汆去血水，可以有效去除异味。

02

首乌黑豆红枣鸡汤

2 人份

首乌可补益精血、
乌须发、强筋骨、补肝肾,
是常见贵细中药材。

 材料

鸡肉块400克,水发黑豆85
克,黄芪15 克,桂圆肉12
克,首乌20克,红枣25克,
姜片、葱段各少许

调料

盐3克

制作步骤

1 锅中注水烧热,倒入洗净的鸡肉块,余去血水后捞出。

2 砂锅中注水烧热,倒入鸡肉块,加入洗好的首乌、桂圆
   肉、红枣和黄芪。

3 倒入洗净的黑豆、姜片、葱段拌匀。

4 盖上盖,烧开后转小火煮约150分钟,至食材熟透。

5 揭盖,加入盐,拌匀,略煮至汤汁入味。

6 关火后盛出装碗即可。

海参干贝虫草煲鸡汤

2 人份

干贝的营养价值非常高，
具有滋阴补肾、和胃调中的功效，
常食有助于降血压、
降胆固醇、补益健身。

 材料

水发海参50 克， 虫草花40
克，鸡肉块60克，高汤适量，
蜜枣、干贝、姜片、黄芪各少
许，党参6克

 调料

盐适量

制作步骤

1 锅中注水烧开，倒入鸡肉块，汆去血水，捞出，
  用热水洗净。

2 砂锅中倒入高汤烧开。

3 放入洗净切好的海参、洗净的虫草花拌匀。

4 倒入备好的鸡肉、蜜枣、干贝、姜片、黄芪、党
  参，搅拌均匀。

5 盖上锅盖，烧开后转小火煮3小时至食材入味。

6 揭开锅盖，加入盐，拌匀，盛出装碗即可。

04
首乌鲫鱼汤

2 人份

首乌有显著的补肝肾作用，
又能补精血不足，
配以鲫鱼，可加强益气养血、
健脾宽中的作用。

材料 首乌5克，黄芪5克，北沙参3克，红枣3颗，鲫鱼块200克，生姜适量

调料 盐2克，食用油适量

制作步骤

1 将首乌、黄芪装入隔渣袋，扎紧袋口，用清水泡发10分钟。红枣、北沙参用清水浸泡10分钟。

2 热锅注油烧热，倒入鲫鱼块，煎至两面微焦，盛出。

3 砂锅注入1000毫升清水，倒入鲫鱼块，加入泡发的红枣、北沙参、隔渣袋、生姜。

4 加盖，大火烧开后转小火煮1小时。最后将盐调入锅中，拌匀盛出即可。

煎鱼的时候不宜用大火，以免煎焦，影响汤的口感。

05
巴戟天排骨汤

2人份

巴戟天具有补肾阳、强筋骨、
祛风湿之功效。
常用于阳痿遗精、
宫冷不孕、月经不调、
少腹冷痛、风湿痹痛、筋骨痿软等症。

材料 巴戟天排骨汤汤料包（巴戟天、杜仲、续断、核桃仁、黄芪、小香菇）1/2包，排骨200克

调料 盐2克

制作步骤

1 将巴戟天、杜仲、黄芪、续断装进隔渣袋，用水泡发10分钟，小香菇单独泡发30分钟。

2 捞出隔渣袋和小香菇，沥干水分，装盘待用。

3 沸水锅中倒入洗净的排骨，汆煮去除血水和脏污，捞出沥干。

4 砂锅注入1000毫升清水，倒入排骨、核桃仁、隔渣袋和小香菇，搅拌均匀。

5 加盖，大火煮开转小火续煮2小时，让食材的有效成分析出。

6 加入盐调味后，即可出锅。

香菇泡发前先用冷水将表面冲洗干净，带柄的香菇可将根部除去，然后置于温水中浸泡。

06

三子杜仲益肾汤

2 人份

这道汤非常有营养，
不仅可以乌发，
还能明目、补肾、益精等。

 材料

菟丝子10克，桑葚子10克，枸杞15克，杜仲25
克，红枣20克，水发海参150克，鸡肉300克

调料

盐2克

制作步骤

1 锅中注入适量清水烧开，放入海参，汆煮片刻。

2 关火后捞出汆煮好的海参，沥干水分，装盘待用。

3 往锅中倒入鸡肉，汆煮片刻。

4 关火后将汆煮好的鸡肉捞出，沥干水分，装盘待用。

5 砂锅中注入适量清水，倒入鸡肉、海参、杜仲、红枣、枸杞、菟丝子、桑葚子，
拌匀。

6 加盖，大火煮开转小火煮3小时，至食材熟透。

7 揭盖，加入盐，搅拌片刻至入味即可。